21世纪高等学校计算机类
课程创新系列教材·微课版

Vue 3基础入门

项目案例·微课视频·题库版

王 宁 李 骞/主 编

田 岳 王 峰/副主编

郭丽萍 卢欣欣/参 编

清华大学出版社

北京

内 容 简 介

本书是一本以项目需求为导向的 Vue 3 零基础教材，讲解循序渐进、深入浅出，概念与实例相结合，带领读者体验项目开发的完整过程。全书共 12 章，主要内容包括 Vue 3 简介、Hello World 与 Vue 3 的基础特性、Vue 3 基本指令、组件应用、样式绑定、组件复用、Vue 路由、axios 异步请求、Vue CLI 部署项目、Vuex组件状态管理、红色旅游 App 综合项目和 Vue 3 项目部署。此外，本书配有丰富的课程资源，使"教、学、练"融为一体。

本书可作为高等院校计算机及相关专业学生的教材，也可作为 Vue 3 应用程序开发人员的技术参考书。

本书封面贴有清华大学出版社防伪标签，无标签者不得销售。

版权所有，侵权必究。举报：010-62782989，beiqinquan@tup.tsinghua.edu.cn。

图书在版编目(CIP)数据

Vue 3 基础入门：项目案例·微课视频·题库版/王宁,李骞主编. —北京：清华大学出版社,2024.3
(2025.2重印)

21 世纪高等学校计算机类课程创新系列教材：微课版

ISBN 978-7-302-65795-8

Ⅰ.①V… Ⅱ.①王… ②李… Ⅲ.①网页制作工具－程序设计－高等学校－教材
Ⅳ.①TP393.092.2

中国国家版本馆 CIP 数据核字(2024)第 056046 号

责任编辑：安　妮
封面设计：刘　键
责任校对：刘惠林
责任印制：宋　林

出版发行：清华大学出版社
　　　　网　　　址：https://www.tup.com.cn, https://www.wqxuetang.com
　　　　地　　　址：北京清华大学学研大厦 A 座　　　邮　　编：100084
　　　　社 总 机：010-83470000　　　　　　　　　邮　　购：010-62786544
　　　　投稿与读者服务：010-62776969，c-service@tup.tsinghua.edu.cn
　　　　质量反馈：010-62772015，zhiliang@tup.tsinghua.edu.cn
　　　　课件下载：https://www.tup.com.cn,010-83470236
印 装 者：三河市君旺印务有限公司
经　　销：全国新华书店
开　　本：185mm×260mm　　　印　　张：13　　　字　　数：319 千字
版　　次：2024 年 4 月第 1 版　　　　　　　　印　　次：2025 年 2 月第 2 次印刷
印　　数：1501～3000
定　　价：49.00 元

产品编号：097192-01

前 言

本书是一本 Vue 3 零基础教材。相比 Vue 2，Vue 3 具有 8 个改进优势：①性能提升 1.2～2 倍；②按需编译，体积更小；③组合 API（类似于 React Hooks）；④组件多节点支持；⑤具有更灵活的组件渲染；⑥具有更先进的组件；⑦更好地支持 TypeScript；⑧支持自定义渲染 API。因此 Vue 3 是 Vue 项目开发人员必须掌握的先进技术栈。笔者在实际项目研发中亲身体验 Vue 技术的升级过程，对其带来的前端技术架构的优化变革深有所感，希望将自身经验以教材形式系统化地传授给读者，缩减学习曲线周期并能快速应用于实战开发，遂作此书。

由于 Vue 项目需要较好的 Web 前端基础才能熟练上手，因此笔者把重点放在 Vue 3 的深入讲解，而没有再花费大量篇幅讲解 HTML、CSS 和 JavaScript 等基础知识。本书以项目需求为导向，摒弃机械化地罗列知识点的讲授方式，从技术原理出发，对每个知识点进行深入浅出的讲解，再结合项目实战带领读者体验前端项目开发的全过程。

本书分为 12 章。从 Vue 3 简介及开发环境的安装开始，逐步引导读者了解 Vue 3 的进阶特性和应用场景，详细讲解 Vue 3 组件生命周期、基本指令用法、事件处理、组件应用及复用、Vue Router 路由、Vue CLI 部署项目、Vuex 组件状态管理等重要的开发工具和技术，还通过红色旅游 App 综合项目向读者展示 Vue 3 在商业实战项目中的应用。此外，本书还配有丰富的课程资源，能够满足广大教师的教学需求。

本书第 1、2 章由李骞编写，第 3～5 章由王宁编写，第 6 章由王峰编写，第 7～9 章由卢欣欣编写，第 10 章由郭丽萍编写，第 11、12 章由田岳编写。全书由王宁、李骞担任主编，完成全书的修改及统稿。本书适合作为高等院校计算机及相关专业学生的教材，也可作为 Vue 3 应用程序开发人员的技术参考书。

对于本书的出版，首先要感谢支持我的家人和朋友。然后要感谢清华大学出版社王冰飞和安妮两位编辑的辛勤付出，在两位编辑的指导下才能完成本书的选题策划、章节规划、内容修正等工作。还要感谢读者的耐心，由衷地希望本书可以带给大家预期的收获。希望读者在阅读本书后，无论是学习还是工作都能够更上一层楼。由于时间仓促和能力所限，书中难免存在疏漏之处，希望广大同行和读者批评指正。

王　宁

2023 年 12 月

目　录

Vue 3 简介

迄今为止,互联网已经深入每个人的生活之中。作为互联网重要的组成部分之一,Web前端框架已经发展了三十多年,在设计思想和工程应用方面经历了多次变革。从最早的"主机-网站-浏览器"体系到 Ajax 和 Node.js 的诞生,再到后来的前后端分离,直至 Web 3.0 概念的提出,涌现出了各式各样的 Web 前端框架。这些优秀的框架是开发功能日益丰富的Web 前端应用的基石,基于这些框架开发的 Web 前端应用撑起了 21 世纪的互联网。

1.1 Web 前端框架

项目对 Web 前端应用性能的要求越来越高,项目复杂度随之增加,需要的开发人员也越来越多,不再是一个前端就可以独立完成整个项目的时代了。现在需要团队合作,确保团队成员之间遵循统一的规范和数据模型,以及使用脚手架辅助工具来处理前端的项目架构、代码编写、资源打包、分支合并和模块化等工作。基于上述需求,Web 前端框架应运而生。

1.1.1 前端框架的诞生

在第一次浏览器战争中,Netscape 被微软击败后创办了 Mozilla 技术社区。该社区推出了符合 W3C 标准的 Firefox 浏览器,它和 Opera 浏览器一起代表了 W3C 阵营,并与 IE浏览器开始了第二次浏览器战争。不同的浏览器技术标准之间存在较大的差异,这给开发带来了兼容性问题。为了解决这个问题,出现了一些前端兼容框架,如 Dojo、Mooltools、YUI、ExtJS 和 jQuery 等,其中 jQuery 的应用范围最广泛。

近年来各大浏览器开始支持 HTML 5,前端实现的交互功能随之增加,相应的代码复杂度显著提高,用于后端的 MVC 模式开始应用于 Web 前端开发。从 2010 年 10 月出现的Backbone 开始,Knockout、Angular、Ember、React、Vue 等框架相继出现。这些框架的应用使 Web Site 进化成 Web App,并开启了 Web App 的 SPA(Single Page Application,单页面应用)时代。

1.1.2 MVC 模式

MVC(Model-View-Controller,模型-视图-控制器)模式最早由 Trygve Reenskaug 于1978 年提出,旨在实现一种动态的程序架构以简化程序的修改和扩展,使程序的某一部分能够被重复利用,并且使程序结构更加清晰易懂。在标准的 MVC 模式中,开发者使用分离业务逻辑、数据、界面显示的方法组织代码，使业务逻辑被聚集到一个部件中，这样在改进和个性化定制界面及用户交互时，不需要重新编写它。MVC模式的发展是为了实现将传统的输入、处理和输出功能映射到一个逻辑的图形用户界面结构中。在网页应用中，典型的MVC模式如图1.1所示。

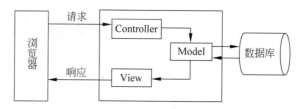

图1.1　MVC模式

在使用MVC模式设计和创建Web前端应用时，通常将程序分为以下3部分。

（1）Model用于表示应用程序的核心数据部分。

（2）View用于展示效果、生成HTML页面等。

（3）Controller用于处理输入，如业务逻辑等。

MVC模式的优点主要有以下3个。

（1）松耦合性。MVC模式通过将View和业务逻辑分离，实现在更改View代码时无须重新编译Model和Controller的代码，从而构建良好的松耦合架构。

（2）高重用性。MVC模式允许使用多种不同样式的View来访问同一个服务器端代码，多个View可以共享一个Model，将数据和业务逻辑从View分离出来，最大限度地实现代码重用。Model还具有状态管理和数据持久性处理的功能。例如，基于会话的购物车和电子商务过程可以在Flash网站或无线联网应用程序中重复使用。

（3）低生命周期成本。使用MVC模式使开发和维护用户接口的技术成本降低，项目部署快速，开发时间缩短，从而使服务器端开发人员专注于业务逻辑，前端程序员专注于View。同时，分离View和Controller使Web应用程序更容易维护和修改，有利于软件工程化管理。

MVC模式也存在一些不可避免的缺点。第一个缺点是在理论界没有一个明确的对MVC模式的标准定义，这3个模块之间的交互关系难以理解。第二个缺点是由于Model和View必须严格分离，因此给调试应用程序带来了一定困难。

1.1.3　从MVC模式到MVVM模式

MVC模式的诞生解决了很多工程层面的问题，但也存在一些缺点，为解决这些缺点，MVP（Model-View-Presenter，模型-视图-发布器）模式应运而生。MVP模式是从MVC模式演变而来的，其基本思想与MVC模式相似，Presenter负责逻辑处理，Model负责提供数据，View负责显示，如图1.2所示。

在MVP模式中，View并不直接使用Model。它们之间的通信是通过Presenter进行的，所有的交互都发生在Presenter内部。与MVC模式相比，MVP模式的复用性更好。然而MVP模式也存在一些无法解决的固有缺陷，例如，可能会导致Presenter比较复杂，维护起来会有一定的冗余问题。

MVVM（Model-View-ViewModel，模型-视图-视图模型）模式最早是由微软定义的。

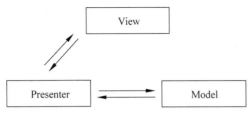

图 1.2　MVP 模式

MVVM 模式将 MVP 模式的 View 的状态和行为抽象化，并将视图 UI 和业务逻辑分离。ViewModel 将 Model 和 View 的数据同步自动化，解决了 MVP 模式中同步数据很麻烦的问题。这种结构可以方便地获取 Model 的数据，并帮助处理 View 中由于需要展示内容而涉及的业务逻辑。MVVM 模式如图 1.3 所示。

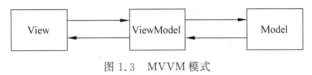

图 1.3　MVVM 模式

MVVM 模式将 Presenter 更名为 ViewModel，其作用与在 MVP 模式中基本一致，唯一的区别是它采用了双向数据绑定。View 的变化会自动反映在 ViewModel 中，反之亦然。开发者不需要处理接收事件和 View 更新，框架已经完成了这些工作。

1.2　认识 Vue 3

1.2.1　什么是 Vue 3

Vue 3 是一个基于 MVVM 模式的用于构建用户界面的渐进式 JavaScript 框架。渐进式框架是将框架进行分层设计，每一层都可以单独实现并用不同的实现方案进行替换。渐进式框架的分层结构如图 1.4 所示。

图 1.4　渐进式框架的分层结构

　　Vue 3 可以根据项目的复杂度和需求灵活地选择不同的层次和功能。对于简单的系统，可以采用 Vue 3 的声明式渲染机制；对于复杂的系统，可以方便地接入 Vue 3 组件系统、Vue-router 前端路由和 Vuex 状态管理等功能，实现前后端分离项目或者多组件状态共享的需求。此外，Vue 3 提供的构建系统可以帮助开发者快速地构建一个脚手架项目，并提供了运行环境和打包工具等功能，方便开发、调试和构建发布版本。

　　Vue 最初由尤雨溪于 2013 年发布，之后不断完善和发展。2016 年 10 月 Vue 2 发布，2020 年 9 月 Vue 3 发布。Vue 3 改动较大，相当于对旧版本的所有功能都进行了重写，代码全部采用 TypeScript 编写。在 Vue 3 中，框架 API 完全采用普通函数，可以实现完整的类型推断功能。

　　Vue 3 的改进可总结为以下 8 点。

　　(1) 全面提高了性能。Vue 3 重新设计了虚拟 DOM，优化了模板编译，并改进了组件初始化速度。与 Vue 2 相比，Vue 3 在运行速度和内存占用等方面都有显著的性能提升。

　　(2) 编译体积更小。Vue 3 可以根据代码的实际情况对引入进行"剪枝"，未使用的引用不会被打包进项目中，减小了发布版本的体积。

　　(3) Composition API。Vue 2 使用 Mixin 来实现功能的复用，但很难推测某个功能是从哪个 Mixin 混入的，且很难进行类型推断。Vue 3 新增了 Composition API，它完美地替代了 Mixin，让用户可以更加灵活地复用代码而不产生任何负面影响，并且对类型推断提供了很好的支持。

　　(4) 组件多节点支持。相较于 Vue 2，Vue 3 不再对组件有唯一根节点的要求。组件模板不再需要包装成一个根节点，而是可以有很多个节点。

　　(5) 更灵活的组件渲染。Vue 3 提供了一种将子节点渲染到存在于父组件以外的 DOM 节点的能力，看起来就像是"任意门"一样，可以将组件渲染到任何想要渲染的地方。

　　(6) 更先进的组件。Vue 3 提供了 Suspense 组件，用于在等待某个异步组件解析时显示后备内容。

　　(7) 更好地支持 TypeScript。因为 Vue 3 完全采用 TypeScript 编写，所以使用 TypeScript 开发 Vue 3 项目不会出现任何兼容性问题。结合 TypeScript 插件，开发人员能更加高效地进行开发，并体验良好的类型检查和自动补全等功能。

　　(8) 支持自定义渲染 API。使用自定义渲染器 API，开发者可以方便地进行自定义渲染器的开发。

1.2.2　Vue 3 的优势

　　相对于其他 Web 前端框架，Vue 3 主要有以下 5 个优势。

　　(1) 体积较小，压缩后只有 33KB。

　　(2) 基于虚拟 DOM 技术，通过预先进行各种计算来优化 DOM 对象的操作，避免直接操作 DOM 对象，具有更高的运行效率。

　　(3) 支持双向数据绑定，使开发人员无须直接操作 DOM 对象，可以将更多精力投入业务逻辑上。

（4）生态丰富，具有较低学习成本，市场上存在许多成熟稳定的基于Vue 3的UI框架和组件，可快速实现开发。

（5）对于初学者友好，易于入门，并提供大量学习资料。

1.3　选择IDE

对于开发者而言，优秀的IDE（Integrated Development Environment，集成开发环境）可以极大地提高开发效率，VSCode（Visual Studio Code）是微软推出的一款轻量级代码编辑器，它免费、开源而且功能强大。它支持几乎所有主流的程序语言的语法高亮、智能代码补全、自定义热键、括号匹配、代码片段、代码对比Diff、GIT等特性及插件扩展，并针对网页开发和云端应用开发做了优化，软件跨平台支持Windows、macOS及Linux。

在https://code.visualstudio.com/上下载VSCode，单击页面中的Download按钮，下载页面会根据当前操作系统的版本自动下载与之匹配的安装包。运行下载的安装包，根据提示选项完成VSCode的安装。VSCode的默认语言是英文。如果需要修改为简体中文，可以在VSCode主界面最左侧的菜单中找到插件Tab，并在搜索框中搜索"简体中文"，如图1.5所示。

单击Install按钮，VSCode会自动下载"简体中文"插件，并提示重新启动。在重新启动之后，VSCode的语言就切换为简体中文了。

接下来安装Vue 3的语法高亮支持，这里选择Vetur插件，如图1.6所示。Vetur是最受欢迎的VSCode扩展插件之一。凭借自动完成、诊断错误、代码导航和许多其他扩展功能，Vetur使读取和写入.vue文件组件十分流畅。在VSCode主界面最左侧的菜单中找到插件Tab并且搜索Vetur，单击"安装"按钮完成安装。

图1.5　VSCode搜索"简体中文"插件

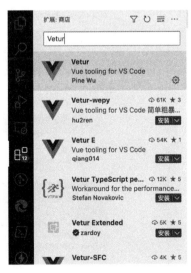

图1.6　VSCode搜索Vetur插件

最终的 VSCode 主界面如图 1.7 所示。

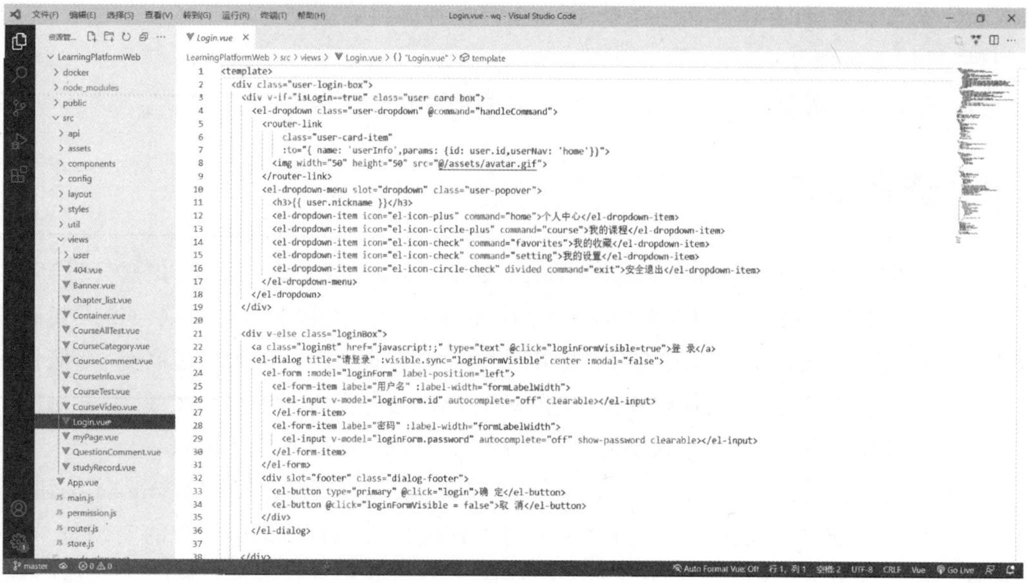

图 1.7　VSCode 主界面

1.4　配置 Node.js 环境

Node.js 是一个开源与跨平台的 JavaScript 运行时环境,它的出现使开发者能够在服务器端运行 JavaScript。Node.js 含有一系列内置模块,使程序可以脱离 Apache HTTP Server 或 IIS,作为独立服务器执行。

打开 Node.js 官网 http://nodejs.cn/,找到 Node.js 下载页面,如图 1.8 所示。

图 1.8　Node.js 下载页面

根据系统版本下载相应的 Node.js 安装包。下载 14.19.1 的 LTS 版本后,双击下载文件会出现如图 1.9 所示的安装页面,按照提示选项完成 Node.js 的安装。

图 1.9　Node.js 安装页面

除了上述方法外,macOS 用户也可以使用 Homebrew 进行 Node.js 的安装。安装 Homebrew 后,在控制台执行 brew install node@14 就可以方便地安装 Node.js 14,如图 1.10 所示。

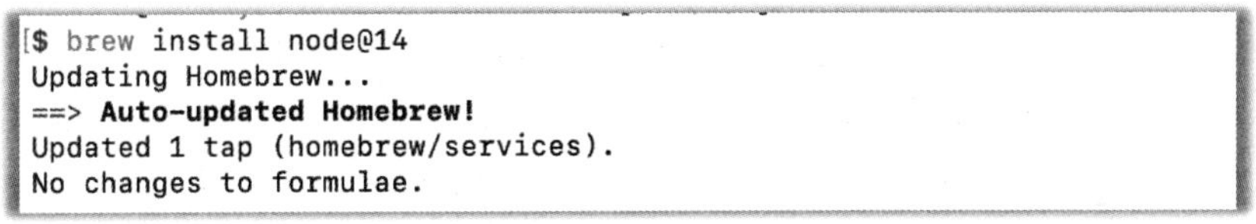

图 1.10　使用 Homebrew 安装 Node.js

执行 node -v 指令和 npm -v 指令可以查看 node 版本和 npm 版本,分别如图 1.11 和图 1.12 所示。

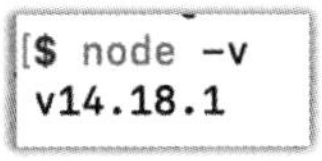

```
[$ node -v
v14.18.1
```

图 1.11　node 版本

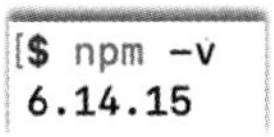

```
[$ npm -v
6.14.15
```

图 1.12　npm 版本

1.5　安装 Vue 3

Vue 3 主要有以下 4 种安装方式。

1.5.1　独立版本安装

独立版本安装需要以下两个步骤,本质是将编译好的 Vue 3 的 JavaScript 脚本下载到本地,和现有项目一起部署在服务器上,并在页面中引用。

(1) 下载 Vue 3。可以在 Vue 3 的官网上下载最新版本。引用地址为 https://unpkg.

com/vue@3.2.31/dist/vue.global.js。

（2）引入 Vue 3。在 HTML 文件中用标签<script>引入 Vue 3 文件。

1.5.2　CDN 方式安装

CDN 是一种构建在数据网络上的分布式的内容分发网，其作用是采用流媒体服务器集群技术，克服单机系统输出带宽及并发能力不足的缺点。使用 CDN 可以方便地在页面中引入 Vue 3。Vue 3 给出了一个推荐的 CDN 链接，在页面中使用<script>标签引入，代码如下：

```
< script src = "https://unpkg.com/vue@next"></script >
```

对于生产环境，推荐连接一个明确的版本号和构建文件，以避免新版本造成的不可预期的破坏，代码如下：

```
< script src = "https://unpkg.com/vue@3.2.31/dist/vue.global.js"></script >
```

如果使用原生 ES Module，可以导入一个兼容 ES Module 的构建文件，代码如下：

```
< script type = "module">
    import Vue from 'https://cdn.jsdelivr.net/npm/vue@3.2.31/dist/vue.esm - browser.prod.js'
</script >
```

此外，Vue 3 可以在 Unpkg 和 Cdnjs 上获取（Cdnjs 的版本更新可能略滞后）。

1.5.3　npm 方式安装

在构建大型应用时推荐使用 npm 进行安装，npm 能很好地和模块打包器（如 Webpack 或 Browserify)配合使用。此外，Vue 3 提供开发单文件组件的配套工具。Vue 3 将会被安装在工程目录下的/node_modules 文件夹中。如果当前工程目录中没有 node_modules 目录，则 npm 命令会自动生成 node_modules 文件夹，可以在该文件夹中找到与 Vue 3 相关的源码。

安装 Vue 3 的命令如下：

```
# 最新稳定版
$ npm install vue@next
```

更新 Vue 3 的命令如下：

```
# 最新稳定版
$ npm update vue@next
```

卸载 Vue 3 的命令如下：

```
# 最新稳定版
$ npm uninstall vue@next
```

有时访问 npm 源的速度会很慢，为解决该问题，建议使用淘宝 npm 镜像。淘宝 npm 镜像是一个完整的 npmjs.org 镜像，更新及时，可以使用它来代替官方版本。更改 npm 镜像源的命令如下：

```
$ npm install - g cnpm - registry = https://registry.npm.taobao.org
```

然后可以使用 cnpm 来安装模块，命令如下：

```
$ cnpm install vue@next
```

1.5.4 使用前端脚手架安装

前端脚手架指通过选择几个选项快速搭建项目基础代码的工具。常见的 Vue 3 脚手架有 Vue CLI 和 Vite，第 9 章会详细讲解。前端脚手架会在初始化的时候自动地帮助开发者安装好 Vue 3。

1.6 熟悉 vue-devtools 调试工具

vue-devtools 是一款基于 Chrome 浏览器的插件，它用于调试 Vue 3 应用，可以极大地提高调试效率。vue-devtools 的安装方式有以下两种。

1．从 Chrome 商店中安装

vue-devtools 可以从 Chrome 商店中直接下载安装。

2．手动安装

（1）在命令行中执行 git clone https：//github.com/vuejs/vue-devtools.git 命令，将 vue-devtools 的 Github 项目克隆到本地。

（2）在命令行中执行 npm install 命令，安装项目所需要的 npm 包。

（3）在命令行中执行 npm run build 命令，编译项目文件。

（4）在浏览器中输入地址 chrome：//extensions/进入扩展程序页面，单击"加载已解压的扩展程序…"按钮，选择 vue-devtools > shells 下的 Chrome 文件夹，将 vue-devtools 添加至 Chrome 浏览器。

1.7 本章小结

本章首先介绍 Web 前端技术的发展；然后介绍前端框架的演变过程及如何安装和使用 VSCode；接着着重讲解 Vue 3 开发所需要安装的基础环境和 Vue 3 的 4 种安装方式；最后介绍如何安装 vue-devtools 调试工具来辅助项目的开发和调试。

第2章

Hello World 与 Vue 3 的基础特性

视频讲解

　　本章将介绍 Vue 3 的基本特性及如何运用 Vue 3 构建登录页面和对特定字符格式化。Vue 3 采用传统的 HTML 模板语法，使开发者可以使用声明式语法将 DOM 和底层组件实例的数据进行绑定。Vue 3 在渲染页面时不会直接解析 HTML 模板，而是将其编译为虚拟 DOM 渲染函数，结合双向绑定的特性，能够在数据发生变化时智能计算，从而实现最小数量的 DOM 操作和重新渲染页面。

2.1　Hello World 示例

　　通过以下代码了解 Vue 3。

```html
<!DOCTYPE html>
<html>

<head>
  <meta charset = "UTF - 8">
  <title>Hello World</title>
</head>

<body>
  <div id = 'app'>
    <!-- 简单文本插值 -->
    <p>{{message}}</p>
    <!-- JavaScript 表达式 -->
    <p>{{message.toUpperCase()}}</p>
    <!-- 简单文本插值 -->
    <p>{{spanHTML}}</p>
    <!-- 输出 HTML -->
    <p v - html = "spanHTML"></p>
    <!-- 绑定数据 -->
    <a v - bind:href = "url">Vue.js</a>
  </div>
  <!-- 某些情况下可能需要翻墙才能访问 -->
  <script src = "https://unpkg.com/vue@next"></script>
```

```
<script>
  const RootComponent = {
    data() {
      return {
        message: 'Hello Vue.js',
        url: 'https://v3.cn.vuejs.org/',
        spanHTML: '<span style="color: red">这是一段红色的文字</span>'
      };
    }
  };
  const vm = Vue.createApp(RootComponent).mount('#app');
</script>
</body>

</html>
```

这段代码演示了 Vue 3 最基本的使用方法,实现了数据的绑定。在 data() 函数中返回的值将在页面中显示,其运行效果如图 2.1 所示。

彩图

图 2.1 Hello World 项目运行效果

2.1.1 Vue 3 应用的核心对象

Hello World 程序核心代码如下所示:

```
const vm = Vue.createApp(RootComponent).mount('#app');
```

Vue.createApp()函数创建了一个 Vue 3 应用对象,RootComponent 是描述 Vue 3 组件属性的对象。Vue 3 应用对象调用 mount('#app')函数将自身挂载到与之绑定的 DOM 上。函数返回值 vm(ViewModel 的缩写)是绑定在 DOM 上的根组件对象实例,该组件被用作渲染的起点,从而完成了 Vue 3 对象与 DOM 的关联绑定。当 Vue 3 对象中的数据发生变化时,将立即通知绑定组件重新渲染。通过修改 RootComponent 对象的值,可以看到对应页面的渲染变化，这是 Vue 3 与传统 JavaScript 框架的区别。开发者可以完全不关心页面中的 DOM 操作，将 DOM 的渲染交给 Vue 3 来完成。

RootComponent 对象包含了初始化 Vue 3 组件所需的数据、方法和组件生命周期钩子函数等可选内容。在该对象包含的参数中，data() 函数的返回值是一个数据对象，这个对象会被 Vue 3 加入它的响应式监测系统中。通过生成一个代理对象，使 Vue 3 在数据对象被访问或者值被修改时能够监听到改变，从而通知数据的依赖方进行相应的响应或者重新渲染 DOM。数据对象的每个属性都被视为一个被依赖项。

Vue 3 的设计虽然没有完全遵循 MVVM 模式，但是 MVVM 模式的设计思想对于 Vue 3 的影响是显而易见的，在 Vue 3 的相关文档中经常会使用 vm 这个变量名来表示组件实例。

2.1.2　Vue 3 的组件结构

Vue 3 应用程序包括一个根组件和一组可嵌套、可重用的组件，这些组件构成了一棵组件树。在 Vue 3 生成的页面中，每个功能单元都是由组件构成的，可以将组件视为 HTML 中的标签。Vue 3 应用程序可以看作一棵组件树的层级结构。典型的项目的组件树可能如下所示。

```
RootComponent
└── TodoList
    ├── TodoItem
    │   ├── TodoButtonDelete
    │   └── TodoButtonEdit
    └── TodoListFooter
        ├── TodoButtonClear
        └── TodoListStatistics
```

每个组件都有自己的组件实例，并且对于某些组件来说，可能会在任何时候有多个实例在渲染。所有组件实例都共享同一个应用实例。第 4 章将详细介绍相关内容，这里只需要牢记所有 Vue 3 组件都接受相同的选项对象。

2.2　Vue 3 组件的生命周期

Vue 3 组件的生命周期指 Vue 3 组件从创建到销毁的全过程。Vue 3 的所有功能都是围绕组件的生命周期展开的，通过在生命周期的不同阶段调用对应的生命周期函数来实现 Vue 3 组件的数据管理和 DOM 渲染这两个核心功能。

2.2.1　认识生命周期

每个 Vue 3 组件都会经历一个相对完整的流程，从创建实例、初始化数据、编译模板、挂载 DOM、渲染、更新到最终卸载实例，整个流程被称作 Vue 3 组件的生命周期，如图 2.2 所示。

在 Hello World 程序中，根组件实例将会经历上述生命周期。在正式挂载在 DOM 上之前，Vue 3 会初始化根组件，并将 id 为 app 的 DOM 内的 HTML 作为模板编译成组件模板。

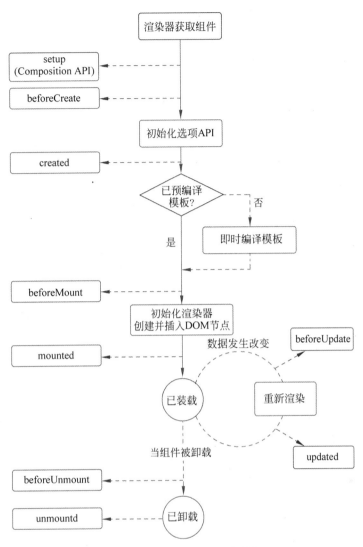

彩图

图 2.2 Vue 3 组件的生命周期

2.2.2 钩子函数

在图 2.2 中,用红色线框内的事件响应函数表示 Vue 3 组件生命周期的各个阶段,这些函数也被称为钩子函数,因为这些函数是针对相应生命周期事件系统注册的回调函数,会像钩子一样在生命周期事件发生时"钩住"事件,给开发者处理事件的机会。组件实例会在相应的时机调用钩子函数,让开发者可以在特定阶段执行自己的代码。Vue 3 提供了以下 8 个钩子函数。

(1) beforeCreate(创建前)。此阶段为实例初始化之后,此时的数据观察和事件机制都未形成,不能获得 DOM。

(2) created(创建后)。在这一步实例已完成数据观测、属性和方法的运算、watch/event 事件回调及数据的初始化,然而挂载阶段还没有开始。这是一个常用的钩子函数,因为可以调用组件中的函数,改变组件中的数据,并且所做的修改可以通过 Vue 3 的响应式绑定并体现在页面上，从而获取组件中的计算属性。通常可以在这个函数中对实例进行预处理或发送网络请求来获取服务端的数据。值得注意的是，页面渲染所必需的数据并不适合放在这个钩子函数中获取，建议放在其他钩子函数中获取。

（3）beforeMount（载入前）。挂载开始之前被调用，相关的渲染函数首次被调用。此时实例已完成编译模板、初始化数据及使用数据和模板生成 HTML，但还没有挂载 HTML 到页面上。

（4）mounted（载入后）。挂载完成后调用，也就是模板中的 HTML 被渲染到页面中。此时可以进行一些网络数据请求操作。mounted 只会执行一次，此时实例的 HTML 已经渲染完成，可以找到相关的 DOM。

（5）beforeUpdate（更新前）。在数据更新之前被调用，发生在虚拟 DOM 重新渲染和打补丁之前。可以在该钩子函数中进一步地更改状态，不会触发附加的重复渲染过程。

（6）updated（更新后）。在组件渲染完成后被调用，通常是在数据更改导致虚拟 DOM 重新渲染之后。此时组件的 DOM 已经被更新，可以安全地进行操作。但需要注意的是，在 updated 中修改组件中的数据可能会导致死循环。

（7）beforeUnmount（卸载前）。在卸载组件实例之前调用，此时可以使用 this 来获取组件实例。通常在这个函数中进行一些重置操作，如清除组件中的定时器和监听的 DOM 事件等。

（8）unmounted（销毁后）。在组件实例销毁后调用，此时所有的事件监听属性都会被移除，同时所有的子实例也会被销毁，但该钩子函数在服务器端渲染期间不会被调用。

所有钩子函数在执行时，都会将当前上下文绑定到组件实例上，这使开发者能够访问组件实例的数据、函数和计算属性。在 2.1.1 节中，通过 createApp() 函数构造的应用实例可以添加全局组件。下面的代码示例利用 createApp() 函数构造的应用实例来添加一个名为 life-cycle 的组件，从而可以直观地查看组件生命周期的执行顺序。

```
const app = Vue.createApp({ /* options */ })
app.component('life-cycle', {
  template: '<div>生命周期</div>',
  data(){
    return {}
  },
  beforeCreate(){
    console.log('--------' + 'beforeCreate' + '--------');
  },
  created(){
    console.log('--------' + 'created' + '--------');
  },
  beforeMount(){
    console.log('--------' + 'beforeMount' + '--------');
  },
  mounted(){
    console.log('--------' + 'mounted' + '--------');
  },
  beforeUpdate(){
    console.log('--------' + 'beforeUpdate' + '--------');
```

```
    },
    updated(){
      console.log('--------' + 'updated' + '--------');
    },
    beforeUnmount(){
      console.log('--------' + 'beforeUnmount' + '--------');
    },
    unmounted(){
      console.log('--------' + 'unmounted' + '--------');
    },
});
```

也可以通过添加下面的代码来查看组件生命周期中对数据和 DOM 的访问，$el 是组件实例管理的根 DOM，data 是组件实例中被观察的数据对象。

```
console.log('$el: ', this.$el);
console.log('data: ', this.data);
```

通过钩子函数，开发者可以轻松地实现各种效果。下面的代码实现了一个加载动画的效果，该效果的作用是在页面渲染较慢或者数据正在加载中时，为用户提供更好的体验。首先，加载一个 loading 样式的图片，并将其封装到一个 JavaScript 脚本中，代码如下：

```
const Loading = {
  ele: null,
  init() {
    ele = document.createElement('img').setAttribute('src', './images/loading.gif');
  },
  show() {
    document.body.appendChild(ele);
  },
  close() {
    if (ele) {
      document.body.removeChild(ele);
    }
  }
}
Loading.init();
```

然后，在组件的 beforeCreate 中展示 loading 效果，然后在 created 中隐藏 loading 效果，就可以实现相应的需求效果，代码如下：

```
const app = Vue.createApp({});
app.component('demo', {
  data: function () {
    return {}
  },
  template: '<p>这是一个展示 loading 的 demo</p>',
  beforeCreate() {
    Loading.show();
  },
  created() {
```

```
    // 模拟网络请求
    setTimeout(function () {
      Loading.close();
    }, 1500);
  }
});
app.mount('#app');
```

需要注意的是，life-cycle 组件需要使用 keep-alive 组件进行包裹，被 keep-alive 组件包裹的组件状态会被暂存。如果没有 keep-alive 组件，当组件被切换走时，系统会将组件的实例直接销毁，当切换回来时，会重新创建组件。

2.3　数据绑定

Vue 3 的数据绑定是最重要的特性之一，数据与视图相互绑定，当数据发生变化时，视图也能够自动更新。在 2.1 的 HelloWorld 程序中，已经看到了最简单的数据绑定效果，接下来将详细介绍文本插值、插入原始 HTML 和 JavaScript 表达式绑定。

2.3.1　文本插值

数据绑定最常见的形式是使用 Mustache 语法（双大括号）的文本插值，代码如下：

```
<span>Message: {{ msg }}</span>
<script>
  const app = {
    data() {
      return {
        msg: 'Hello Vue.js'
      };
    }
  };
  const vm = Vue.createApp(app).mount('#app');
</script>
```

在上述代码中，Mustache 语法会被替换为相应数据对象中 msg 属性的值，如果绑定的数据对象上的 msg 属性的值发生更改，那么插值处的内容会自动更新。将上述代码的页面在浏览器中打开，并通过按 F12 键打开开发者工具，就能够看到如图 2.3 所示的内容。

图 2.3　网页及开发者工具

在控制台中，输入 vm.msg = 'welcome'，然后按回车键，可以看到页面中的文字立刻进行了更新，如图 2.4 所示。

图 2.4　数据更新

此外,通过使用 v-once 指令,开发者也可以实现一次性的插值,即当数据改变时,插值处的内容不会更新,代码如下:

```
< span v－once>这个将不会改变: {{ msg }}</span>
```

2.3.2　插入原始 HTML

如果要绑定的数据是 HTML 代码,则不能使用文本插值来输出 HTML,Mustache 语法会将数据解释为普通文本,而不是 HTML 代码。为了输出真正的 HTML,需要使用 v-html 指令,代码如下:

```
< p > Using mustaches: {{ rawHtml }}</p>
< p > Using v－html directive: < span v－html = "rawHtml"></span></p>
```

< span >标签的内容将会被替换成值 rawHtml,作为 HTML 直接渲染,不会解析值中的数据绑定。开发者不能使用 v-html 指令来复合局部模板,因为 Vue 3 不是基于字符串的模板引擎。相对地,对于用户界面(UI)而言,组件更适合作为可重用和可组合的基本单位。

同样 Mustache 语法不能作用在 HTML 属性上,应该使用 v-bind 指令,代码如下:

```
< div v－bind:id = "dynamicId"></div>
```

对于布尔属性,v-bind 工作起来略有不同。在下面的例子中,如果 isButtonDisabled 的值是 null、undefined 或 false,则 disabled 属性不会被包含在渲染出来的 < button > 元素中,代码如下:

```
< button v－bind:disabled = "isButtonDisabled"> Button </button>
```

2.3.3　使用 JavaScript 表达式

在前面的示例中一直都只绑定简单的键值。实际上对于所有的数据绑定,Vue 3 都提供了完全的 JavaScript 表达式支持,这些表达式会在所属实例的作用域下作为 JavaScript 被解析,每个绑定都只能包含单个表达式,代码如下:

```
{{ number + 1 }}
{{ ok ? 'YES' : 'NO'}}
{{ message.split('').reverse().join('') }}
< div v－bind:id = "'list－' + id"></div>
```

开发者通过数据绑定可以快速地开发 Vue 3 应用程序,实现数据和视图的双向绑定,使开发变得更加简单和高效。掌握数据绑定的基础知识是进行 Vue 3 开发的关键,而且也是掌握 Vue 3 其他高级功能的基础。

2.4 案例

2.4.1 利用表单实现简单登录页面

下面构建一个简单的登录页面,页面样式如图2.5所示。

图2.5 登录页面的整体样式

读者可以尝试自行修改页面样式,完整代码在本书配套资源包中,核心代码如下:

```
<script>
  const app = {
    data() {
      return {
        title: '登 录',
        accountTitle: '用户名',
        passwordTitle: '密码',
        rememberTitle: '记住我',
        ext: '忘记密码?'
      };
    }
  };
  const vm = Vue.createApp(app).mount('#app');
</script>
```

2.4.2 利用过滤器过滤指定字符

在实际的前端工程中,经常需要开发者屏蔽一些特殊字符。假设有这样一个页面,其中包含一个输入框,页面会实时显示用户的输入内容,并将其中的所有小写字母转化为大写字母,相当于对字符串进行格式化,下面给出该页面的实现方案。

使用 Vue 3 中的计算属性来实现对输入内容的格式化处理,具体步骤如下:

（1）在 Vue 3 实例中定义一个数据属性 inputText 来保存用户输入的内容。

（2）使用 v-model 指令将数据属性 inputText 与输入框绑定，实现输入内容的实时更新。

（3）使用计算属性将数据属性 inputText 中的所有小写字母转化为大写字母，并将格式化后的内容作为计算属性的返回值。

（4）使用 Mustache 语法将格式化后的内容渲染到页面中。

代码如下：

```html
<div id='app'>
  <div class="translate-main">
    <div class="trans-left">
      <div class="trans-input-wrap">
        <div class="input-wrap">
          <div class="textarea-wrap">
            <textarea v-model="notedata" class="textarea" placeholder="输入内容">
</textarea>
          </div>
        </div>
      </div>
    </div>
    <div class="trans-right">
      <div class="output-wrap output-blank">{{toUpperCase}}</div>
    </div>
  </div>
</div>
<script>
  const app = {
    data() {
      return {
        notedata: null,
      };
    },
    computed: {
      toUpperCase() {
        if(!this.notedata) {
          return '';
        }
        return this.notedata.toUpperCase();
      }
    }
  };
  const vm = Vue.createApp(app).mount('#app');
</script>
```

2.5　本章小结

本章介绍了 Vue 3 的基础模板语法和生命周期的概念，并使用 Vue 3 的模板实现了最基础的 Vue 3 项目。

习题

1. 模仿登录页面，实现一个用户注册页面。
2. 实现一个过滤给定词汇的过滤器。

第3章

Vue 3 基本指令

指令是 Vue 3 模板中常用的功能之一,它们是带有 v-前缀的特殊属性。指令的主要职责是在其值发生改变时,将相应的影响作用于 DOM 对象。Vue 3 的指令在 HTML 中以页面元素的属性的方式使用,指令属性的值是 JavaScript 表达式。Vue 3 的指令数量相对较少,本章将逐一介绍这些指令。

3.1 条件渲染指令

视频讲解

条件渲染指令的主要功能是根据指令的值为 true 或 false 进而触发组件不同的表现形式。

3.1.1 v-if、v-else-if、v-else

v-if、v-else-if 和 v-else 这三个指令用于实现条件判断。v-if 根据其值有条件地渲染元素,当 v-if 的值在 true 和 false 之间切换时,元素或组件将被销毁或重建。在组件被销毁或重建的过程中,会执行该组件相应的钩子函数,示例代码如下:

```
< div id = "app">
 < h1 v - if = "display"> Display </h1 >
 < h1 v - if = "hide"> Hide </h1 >
 < h1 v - if = "age >= 25"> Age: {{ age }}</h1 >
 < h1 v - if = "name.indexOf('Tom')>= 0"> Name:{{name}}</h1 >
</div >

< script >
 const vm = Vue.createApp({
  data() {
   return {
    display: true,
    hide: false,
    age: 28,
    name: 'Tom Cruise'
   }
  }
 }).mount('#app');
</script >
```

在浏览器中打开上述代码组成的页面,其渲染结果如图3.1所示。

图 3.1 v-if 渲染结果

当 v-if 的值被设置为 hide(即为 false)时,对应的< h1 >元素并没有实际生成,而其他 v-if 的值为 true 的< h1 >元素正常生成。也就是说,当 v-if 的值为 false 时,v-if 不会创建该元素;当 v-if 的值为 true 时,v-if 才会真正创建该元素。

切换到控制台窗口,将 age 属性的值修改为 20(即 vm.age=20),然后切换回元素窗口,渲染结果如图3.2所示。

图 3.2 修改 age 属性值后 v-if 页面的渲染结果

如果需要控制多个元素的创建或删除,可以使用< template >元素将这些元素包装起来,然后在< template >元素上使用 v-if,代码如下:

```
< div id = "app">
 < template v - if = "!isIogin">
  < form >
   < p > username:< input type = "text"></p>
   < p > password:< input type = "password"></p>
  </form >
 </template >
</div >

< script >
 const vm = Vue.createApp({
  data() {
```

```
      return {
        isLogin: false
      }
    }
  }).mount('#app');
</script>
```

v-else-if 和 v-else 是 v-if 的逻辑补充。示例代码如下：

```
<div id="app">
  <div v-if="Math.random() > 0.5">
    随机数大于 0.5 时可以看到这个元素
  </div>
  <div v-else>
    随机数小于 0.5 时可以看到这个元素
  </div>
</div>


<script>
  const vm = Vue.createApp({
    data() {
      return {}
    }
  }).mount('#app');
</script>
```

v-else-if 与 v-if 一起使用，可以实现互斥的条件判断，代码如下：

```
<div id="app">
  <span v-if="score >= 85">优秀</span>
  <span v-else-if="score >= 75">良好</span>
  <span v-else-if="score >= 60">及格</span>
  <span v-else>不及格
</div>


<script>
  const vm = Vue.createApp({
    data() {
      return {
        score: 90
      }
    }
  }).mount('#app');
</script>
```

需要注意的是，当一个条件被满足时，后续的条件判断都不会再执行，v-else-if 和 v-else 需要紧跟在 v-if 或 v-else-if 之后。

3.1.2　v-show

v-show 根据其值切换元素的 CSS 样式中的 display 属性，当条件变化时，v-show 会触发过渡效果，代码如下：

```
<div id="app">
 <h1 v-show="display">Display</h1>
 <h1 v-show="hide">Hide</h1>
 <h1 v-show="age>=25">Age: {{ age }}</h1>
 <h1 v-show="name.indexOf('Tom')>=0">Name:{{name}}</h1>
</div>

<script>
 const vm = Vue.createApp({
  data() {
   return {
    display: true,
    hide: false,
    age: 28,
    name: 'Tom Cruise'
   }
  }
 }).mount('#app');
</script>
```

除了指令不同外,本节代码与 3.1.1 节中的 v-if 代码完全相同。接下来观察 DOM 结构在执行之后有何不同,v-show 测试页面的渲染结果如图 3.3 所示。

图 3.3　v-show 测试页面的渲染结果

对比图 3.1 和图 3.3 的展示效果,v-show 与 v-if 似乎没有不同,但在页面结构中可以发现,v-show 并没有根据条件不同而改变页面结构,它在 HTML 元素是否显示的实现机制上与 v-if 不同。无论 v-show 的值是 true 还是 false,v-show 都会创建元素,它通过 CSS 样式中的 display 属性来控制元素是否显示。

3.1.3　v-show 与 v-if 的选择

一般来说,v-if 有更高的切换开销,因为在切换时需要销毁和重新创建元素及其子组件,而 v-show 只需要改变 CSS 样式属性,因此在需要频繁地切换元素的显示或隐藏时,使用 v-show 更好。但在初始渲染时,v-show 存在更高的开销,因为它需要先创建元素,然后再根据其值设置 CSS 样式属性,而 v-if 只有在值为 true 时才会创建元素。因此,在条件改变较少的情况下,使用 v-if 更好。

3.2　列表渲染指令 v-for

3.2.1　基本用法

在 Vue 3 中,可以使用 v-for 基于一个数组来渲染一个列表。v-for 需要使用 item in items 形式的特殊语法,其中 items 是源数据数组,item 是被迭代的数组元素的别名,示例代码如下:

```
< ul id = "array - rendering">
 < li v - for = "item in items">
  {{ item.message }}
 </li>
</ul>
< script >
 const vm = Vue.createApp({
  data() {
   return {
    items: [{ message: 'Foo' }, { message: 'Bar' }]
   }
  }
 }).mount('#app');
</script>
```

可以看到,组件实例的数据对象中定义了一个数组 items,然后在<li>元素上使用 v-for 遍历数组,这将循环渲染<li>元素。在 v-for 块中,可以访问所有父作用域的属性,在每次循环时,item 的值为数组当前索引的值,在<li>元素内部,可以通过 Mustache 语法引用变量 item。

最终渲染结果如图 3.4 所示。

- Foo
- Bar

图 3.4　v-for 测试页面的渲染结果

除此之外,v-for 还支持一个可选的第二个参数,即当前项的索引,代码如下:

```
< ul id = "array - with - index">
 < li v - for = "(item, index) in items">
  {{ index }} - {{ item.message }}
```

```
    </li>
  </ul>
```

在 Vue 3 中,开发者不仅可以使用 v-for 遍历数组,也可以用 v-for 来遍历一个对象的所有可枚举属性。具体的使用方法就是使用 of 替代 in 作为分隔符,示例代码如下:

```
< ul id = "v-for-object" class = "demo">
  < li v-for = "value in myObject">
    {{ value }}
  </li>
</ul>
const vm = Vue.createApp({
    data() {
    return {
        myObject: {
        title: 'How to do lists in Vue',
        author: 'Jane Doe',
        publishedAt: '2016-04-10'
        }
      }
      }
}).mount('#app');
```

可以增加第二个参数来获取属性的名称(即键名),代码如下:

```
< li v-for = "(value, name) in myObject">
  {{ name }}: {{ value }}
</li>
```

还可以增加第三个参数来获取索引,代码如下:

```
< li v-for = "(value, name, index) in myObject">
  {{ index }}. {{ name }}: {{ value }}
</li>
```

在 Vue 3 中,当使用 v-for 渲染元素列表时,默认采用"就地更新"策略。如果数据项的顺序被更改,Vue 3 将不会移动页面元素来匹配数据项的顺序,而是就地更新每个元素,并确保它们在每个索引位置都被正确渲染。为了告知 Vue 3 每个节点的身份,以便能够重用和重新排序现有元素,需要为每个项提供一个唯一的 key 值,建议在使用 v-for 时尽可能提供 key 值,这样可以提高 v-for 的渲染效率,代码如下:

```
< div v-for = "item in items" :key = "item.id">
  <!-- 内容 -->
</div>
```

3.2.2 数组更新

Vue 3 的核心是数据与视图的双向绑定,为了监测数组中元素的变化并及时将变化反映到视图中,Vue 3 对以下 7 个数组变更函数进行了封装。

(1) push()。

(2) pop()。

(3) shift()。

（4）unshift()。

（5）splice()。

（6）sort()。

（7）reverse()。

使用浏览器打开 3.2.1 节中的页面，在开发者工具中切换到控制台窗口，然后输入以下命令：

```
vm.items.push({ message: 'Baz' });
```

数组更新的结果如图 3.5 所示。

图 3.5　数组更新的结果

上述的 push() 函数会改变参数中的原始数组。此外，JavaScript 语言也有原生数组的非变更函数，如 filter()、concat() 和 slice()，它们不会改变原始数组，而是返回一个新数组。当使用非变更函数时，可以用新数组替换旧数组，代码如下：

```
vm.items = vm.items.filter(item => item.message.match(/Foo/));
```

数组变更的结果如图 3.6 所示。

图 3.6　数组变更的结果

有些开发者担心这种操作会造成性能问题，实际上这种操作并不会导致 Vue 3 丢弃现有的页面元素并重新渲染整个列表。Vue 3 为了使页面元素得到最大范围的重用而进行了针对性的优化，用一个含有相同元素的数组去替换原来的数组是非常高效的操作。

3.2.3　v-for 的其他操作

v-for 可以用来显示数组过滤或排序后的结果，如果要显示一个数组经过过滤或排序后的版本，而不改变原始数据，可以创建一个计算属性来返回处理后的数组，代码如下：

```
<div id="app">
 <li v-for="n in evenNumbers" :key="n">{{ n }}</li>
</div>

<script>
 const vm = Vue.createApp({
```

```
    data() {
     return {
      numbers: [1, 2, 3, 4, 5]
     }
    },
    computed: {
     evenNumbers() {
      return this.numbers.filter(number => number % 2 === 0)
     }
    }
   }).mount('#app');
</script>
```

如果在嵌套的 v-for 循环中无法使用计算属性，可以使用 methods() 函数来解决，代码如下：

```
<div id = "app">
 <ul v-for = "numbers in sets">
  <li v-for = "n in even(numbers)" :key = "n">{{ n }}</li>
 </ul>
</div>

<script>
 const vm = Vue.createApp({
  data() {
   return {
    sets: [[1, 2, 3, 4, 5], [6, 7, 8, 9, 10]]
   }
  },
  methods: {
   even(numbers) {
    return numbers.filter(number => number % 2 === 0)
   }
  }
 }).mount('#app');
</script>
```

v-for 也可以接受整数 n 作为迭代参数，在这种情况下模板会重复循环 n 次，代码如下：

```
<div id = "range" class = "demo">
 <span v-for = "n in 10" :key = "n">{{ n }} </span>
</div>
```

页面渲染结果如图 3.7 所示。

和 v-if 类似，开发者也可以利用带有 v-for 的 <template> 来循环渲染一段包含多个元素的内容，代码如下：

```
<ul>
 <template v-for = "item in items" :key = "item.msg">
  <li>{{ item.msg }}</li>
  <li class = "divider" role = "presentation"></li>
```

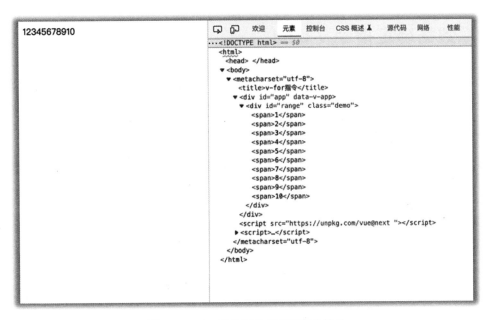

图 3.7　v-for 接受整数的页面渲染结果

```
  </template>
</ul>
```

当 v-for 与 v-if 同时使用时,需要注意当它们处于同一节点时,v-if 的优先级比 v-for 更高,这意味着 v-if 将没有权限访问 v-for 中的变量,代码如下:

```
<!-- 这将抛出一个错误,因为"todo" property 没有在实例上定义 -->
< li v - for = "todo in todos" v - if = "!todo.isComplete">
 {{ todo.name }}
</li>
```

为了解决这个问题,可以把 v-for 移动到 < template > 标签中来修正,代码如下:

```
< template v - for = "todo in todos" :key = "todo.name">
 < li v - if = "!todo.isComplete">
  {{ todo.name }}
 </li>
</template>
```

在自定义组件上,开发者可以像在任何普通元素上一样使用 v-for,代码如下:

```
< my - component v - for = "item in items" :key = "item.id"></my - component >
```

然而,任何数据都不会被自动传递到组件里,因为组件有自己独立的作用域。为了把迭代数据传递到组件里,需要使用如":props 名称"的组件属性来传递数据,代码如下:

```
< my - component
 v - for = "(item, index) in items"
 :item = "item"
 :index = "index"
 :key = "item.id"
></my - component >
```

视频讲解

3.3　数据绑定指令 v-bind

v-bind 的主要作用是动态更新 HTML 元素上的属性和动态绑定组件的 props 属性，也可以使用简写的符号":"来代替它。

3.3.1　参数与属性绑定

下面示例中链接的 href 属性通过 v-bind 动态地设置，当数据发生变化时，组件会被重新渲染，代码如下：

```
< div id = "app">
 < a v - bind:href = "url">前往百度</a>
</div>

< script >
 const vm = Vue.createApp({
  data() {
   return {
    url: 'https://www.baidu.com'
   }
  }
 }).mount('#app');
</script>
```

3.3.2　动态绑定

示例代码如下：

```
< div id = "app">
 < a v - bind:[attribute] = "url">前往百度</a>
</div>

< script >
 const vm = Vue.createApp({
  data() {
   return {
    attribute:'href',
    url: 'https://www.baidu.com'
   }
  }
 }).mount('#app');
</script>
```

与 3.3.1 节中的代码相比，此处将在 HTML 中的属性变成了动态获取。v-bind 还可以直接绑定一个包含属性名和值的对象。在这种情况下，v-bind 指令不需要接收参数就可以直接使用，代码如下：

```
< div id = "app">
 <!-- 绑定一个有属性的对象 -->
```

```
< form v - bind = "formObj">
  < input type = "text">
</form>
</div>

< script >
 const vm = Vue.createApp({
  data() {
   return {
    formObj: {
     method: 'get',
     action: '#'
     }
    }
   }
 }).mount('#app');
</script>
```

最终的渲染结果如图3.8所示。

图3.8　v-bind绑定对象的渲染结果

3.3.3　v-bind的缩写及合并行为

Vue 3提供了一个简写方式":bind"，如果一个元素同时定义了v-bind="object"和一个相同的独立属性，后定义的属性值会覆盖之前定义的同名属性值。因此开发者可以通过控制它们的合并行为以满足开发需求，代码如下：

```
<!-- 模板 -->
< div id = "red" v - bind = "{ id: 'blue' }"></div>
<!-- 结果 -->
< div id = "blue"></div>

<!-- 模板 -->
< div v - bind = "{ id: 'blue' }" id = "red"></div>
<!-- 结果 -->
< div id = "red"></div>
```

3.4　v-model 与表单

3.4.1　基本用法

v-model 用于在表单中的< input >、< textarea >和< select >元素上创建双向数据绑定，根据控件类型自动选取正确的方法来更新元素，负责监听用户的输入事件从而更新数据，并对一些极端场景进行特殊处理，代码如下：

```
< div id = "app">
 < input type = "text" v - model = "message">
</div >

< script >
 const vm = Vue.createApp({
  data() {
   return {
    message: 'Hello World'
   }
  }
 }).mount(' # app');
</script >
```

渲染效果如图 3.9 所示。

图 3.9　v-model 渲染结果

在开发者工具的控制台窗口中，输入 vm. message = 'Welcome to the Vue world'，可以看到 v-model 绑定的表达式数据发生改变，导致页面元素的值随之改变，如图 3.10 所示。

图 3.10　改变表达式数据导致页面元素值改变

接下来在页面控件元素中随意输入一些内容,然后在控制台中输入 vm.message,可以看到表达式数据 message 的值也发生了变化,如图 3.11 所示。

图 3.11　改变页面元素值导致表达式数据改变

3.4.2　值绑定

针对不同的表单控件,v-model 绑定的值都有默认的约定。例如,单个复选框绑定的是布尔值,多个复选框绑定的是一个数组,选中的复选框 value 属性的值被保存到数组中。如果要改变默认的绑定规则,可以使用 v-bind 把值绑定到当前活动实例的一个动态属性上,这个属性的值可以不是字符串。

下面介绍 3 种常用的表单元素是如何绑定值的。

(1)复选框。在使用单个复选框时,在< input >元素上可以使用两个特殊的属性 true-value 和 false-value 来指定选中状态下和未选中状态下 v-model 绑定的值,代码如下:

```
< div id = "app">
 < input id = "agreement" type = "checkbox" v - model = "isAgree" true - value = "yes" false -
value = "no">
 < label for = "agreement">{{isAgree}}</label >
</div >

< script >
 const vm = Vue.createApp({
  data() {
   return {
    isAgree: false
   }
  }
 }).mount(' #app');
</script >
```

数据属性 isAgree 的初始值为 false,当选中复选框时,其值为 true-value 的属性值 yes,当取消选中复选框时,其值为 false-value 的属性值 no。true-value 属性和 false-value 属性也可以使用 v-bind 绑定到 data 选项中的某个数据属性上。

(2)单选按钮。单选按钮被选中时,v-model 绑定的数据属性的值默认被设置为该单选按钮的 value 值。可以使用 v-bind 将< input >元素的 value 属性再绑定到另一个数据属性上,选中后的值就是这个 value 属性绑定的数据属性的值,代码如下:

```
< div id = "app">
 < input id = "male" type = "radio" v - model = "gender" :value = "genderVal[0]">
 < label for = "male">男</label >
```

```
< br >
< input id = "female" type = "radio" v - model = "gender" :value = "genderVal[1]">
< label for = "female">女</label >
< br >
< span >性别: {{gender}}</span >
</div >

< script >
const vm = Vue.createApp({
  data() {
    return {
      gender: '',
      genderVal: ['男', '女']
    }
  }
}).mount(' #app');
</script >
```

◉男
○女
性别：男

图 3.12　使用 v-bind 后单选按钮选中的值

运行效果如图 3.12 所示。

（3）选择框选项。通过选择框选择内容后，其值是选项的值，即<option>元素的 value 属性的值，选项的 value 属性也可以使用 v-bind 指令绑定到一个数据属性上，代码如下：

```
< option v - for = "option in options" v - bind:value = "option.value"></option >
```

或者将 value 属性绑定到一个对象字面量上，当选项被选中时，vm.selected.number 的值会变更为 2023，代码如下：

```
< select v - model = "selected" title = "select">
 <!-- 内联对象字面量 -->
 < option v - bind:value = "{number:2022}"> 2023 </option >
</select >
```

3.4.3　修饰符

修饰符主要有以下 3 种。

（1）trim 修饰符。它用于自动过滤用户输入内容首尾两端的空格，使用 v-model 时，代码如下：

```
< input type = "text" v - model = "inputValue">
< p >{{ inputValue }}</p >
< input type = "text" v - model.trim = "inputValue">
< p >{{ inputValue }}</p >
```

运行效果如图 3.13 所示。

可以看到，当使用 trim 修饰符后，<p>标签的前后空格和中间多余的空格都被去除了，只显示输入框中的实际内容。

（2）lazy 修饰符。它用于将 v-model 的默认触发方式由 input 事件更改为 change 事件。例如，在使用<input>元素时，每次输入内容都会立即更新数据，使用 lazy 修饰符后，v-model 的双向数据绑定触发方式就变为失去焦点时进行内容检测，从而减少了频繁更新数据的操作，代码如下：

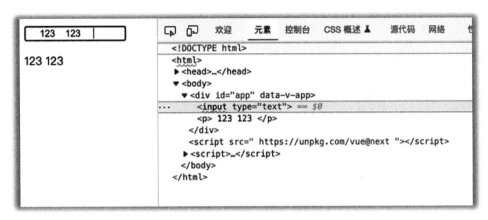

图 3.13　trim 修饰符应用

```
< input type = "text" v - model. lazy = "inputValue">
< p >{{ inputValue }}</p>
```

（3）number 修饰符。它用于自动将用户输入的数据转换为数值类型，如果无法被
parseFloat() 转换，则返回原始内容，代码如下：

```
< input type = "text" v - model. number = "inputValue">
< p >{{ inputValue }}</p>
```

3.5　方法、计算属性与监听属性

视频讲解

3.5.1　Vue 3 中的方法

Vue 3 方法是与 Vue 3 实例关联的对象，本书后续提到的 Vue 3 方法特指 methods 对
象。当需要对元素的某些事件做出响应时，可以通过 v-on 来绑定相应的 Vue 3 方法，开发
者可以在 Vue 3 方法内定义函数来执行事件响应的操作，下面演示 Vue 3 方法的工作原理，
代码如下：

```
< div id = "app">
<!-- 渲染 DOM 树 -->
< h1 style = "color: seagreen;">{{title}}</h1>
< h2 > Title : {{name}}</h2>
< h2 > Topic : {{topic}}</h2>
<!-- 调用 Vue 3 方法中的函数 -->
< h2 >{{show()}}</h2>

</div>

< script >
 const vm = Vue. createApp({
  data() {
   return {
    title: "Geeks for Geeks",
    name: "Vue. js",
```

```
      topic: "Instances"
    }
  },
  // 创建组件中的 Vue 3 方法
  methods: {
   // 创建函数
   show: function () {
    return "欢迎尝试这个 Vue 例子 "
      + this.name + " - " + this.topic;
   }
  }
}).mount(' #app');
</script>
```

运行效果如图 3.14 所示。

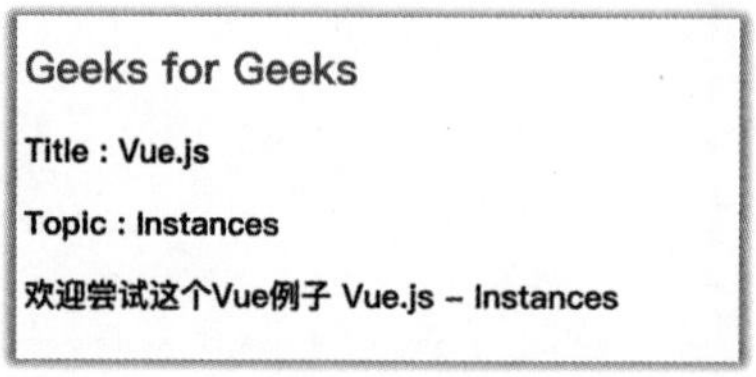

```
Geeks for Geeks

Title : Vue.js

Topic : Instances

欢迎尝试这个Vue例子 Vue.js – Instances
```

图 3.14　Vue 3 方法工作原理运行效果

3.5.2　计算属性

在模板中使用表达式非常方便,但如果表达式的逻辑比较复杂,使用计算属性会大大降低模板的复杂度,代码如下:

```
< div id = "app">
 < p>{{message. split("). reverse(). join(")}}</p>
</div >
```

Mustache 语法中的表达式调用了 3 个函数来最终实现字符串的反转,逻辑过于复杂,如果在模板中还需要多次引用这个功能,会让模板变得更加复杂并难以处理,这时就可以使用计算属性,它以函数形式在 computed 选项中定义,代码如下:

```
< div id = "app">
 < div id = "app">
  < p>原始字符串: {{message }}</p>
  < p>计算后的反转字符串: {{reversedMessage}}</p>
 </div >
</div >

< script >
 const vm = Vue. createApp({
  data() {
   return {
    message: 'Hello!, welcome to Vue!'
   }
  },
  // 创建计算属性
  computed: {
   //计算属性的 getter
   reversedMessage() {
    return this. message. split(''). reverse(). join('');
   }
  }
}).mount(' #app');
</script >
```

在上述示例中,声明了一个计算属性 reversedMessage,它可以像普通的属性一样在模板中绑定数据。在浏览器中的渲染结果如图 3.15 所示。

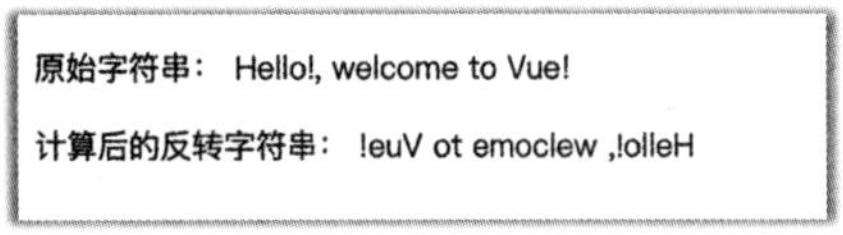

当 message 属性的值改变时,reversedMessage 的值会自动更新,并且会自动同步更新相应 DOM 对象。在浏览器中修改 vm.message 的值,reversedMessage 的值也会随之改变。

由于计算属性默认只有 getter 方法,因此不能直接修改计算属性,如需修改可以参考以下代码:

| 原始字符串:　Hello!, welcome to Vue! |
| 计算后的反转字符串:　!euV ot emoclew ,!olleH |

图 3.15　计算属性绑定数据的渲染结果

```html
<div id = "app">
 <div id = "app">
  <p>First name:<input type = "text" v-model = "firstName"></p>
  <p>Last name:<input type = "text" v-model = "lastName"></p>
  <p>{{ fullName }}</p>
 </div>
</div>

<script>
 const vm = Vue.createApp({
  data() {
   return {
    firstName: 'Smith',
    lastName: "Will"
   }
  },
  // 创建计算属性
  computed: {
   fullName: {
    // getter()函数
    get() {
     return this.firstName + ' ' + this.lastName;
    },
    // setter()函数
    set(newValue) {
     let names = newValue.split(' ');
     this.firstName = names[0];
     this.lastName = names[names, length1];
    }
   }
  }
 }).mount('#app');
</script>
```

任意修改 firstName 或 lastName 的值,fullName 的值也会自动更新,这是调用 fullName 的 get()实现的。在浏览器的 Console 窗口中输入 vm.fullName = "Bruce Willis",可以看到 firstName 和 lastName 的值也同时发生了改变,这是调用 fullName 的 set()实现的。

3.5.3　监听属性

为了观察和响应实例上的数据变化，当需要一些数据随着其他数据变化而变化时，可以使用监听属性。尽管这听起来和计算属性的作用很相似，但在实际应用中两者是有很大差别的。Vue 3 实例的选项对象通常是在 watch 选项中定义监听属性。下面的代码演示了如何使用监听属性来实现千米和米之间的换算。

```
< div id = "app">
 < div id = "app">
  千米:< input type = "text" v - model = "kilometers">
  米:< input type = "text" v - model = "meters">
 </div >
</div >

< script >
 const vm = Vue.createApp({
  data() {
   return {
    kilometers: 0,
    meters: 0
   }
  },
  // 监听属性
  watch: {
   kilometers(val) {
    this.meters = val * 1000;
   },
   meters(val, oldVal) {
    this.kilometers = val / 1000;
   }
  }
 }).mount(' #app');
</script >
```

在这个例子中编写了两个监听函数，分别监听数据属性 kilometers 和 meters 的变化。当其中一个数据属性的值发生改变时，对应的监听函数就会被调用进而经过计算得到另一个数据属性的值。注意，不要在监听函数中使用箭头函数，这样会造成 Vue 3 的上下文发生错乱。

当需要在数据变化时执行异步或开销较大的操作时，使用监听属性是最合适的。例如在一个在线问答系统中，用户输入的问题需要到服务器端获取答案，就可以考虑对问题属性进行监听，在异步请求答案的过程中，可以设置中间状态，向用户提示"请稍候..."，而这样的功能使用计算属性无法做到。

下面给出一个使用监听属性实现斐波那契数列的计算的例子，该计算比较耗时，因此采用 HTML 5 新增的 WebWorker 来计算，将斐波那契数列的计算放到一个单独的 fibonacci.js 文件中，代码如下：

```
function fibonacci(n) {
```

```
 return n < 2 ? n : arguments.callee(n - 1) + arguments.callee(n - 2);
 }
onmessage = function (event) {
 var num = parseInt(event.data, 10);
 postMessage(fibonacci(num));
}
```

主页面代码如下：

```
< div id = "app">
 < span>请输入要计算斐波那契数列的第几个数：</span>
 < input type = "text" v - model = "num">
 < p v - show = "result">{{result}}</p >
</div >

< script >
 const vm = Vue.createApp({
  data() {
   return {
    num: 0,
    result: ''
   }
  },
  // 监听属性
  watch: {
   num(val) {
    this.result = "请稍候...";
    if (val > 0) {
     const worker = new Worker("fibonacci.js");
     worker.onmessage = (event) => this.result = event.data; worker.postMessage(val);
    }
    else {
     this.result = '';
    }
   }
  }
 }).mount(' # app');
</script >
```

在这个例子中，为了防止用户在等待计算时以为程序卡死，为 result 数据属性设置了一个中间状态，从而给用户一个提示。worker 实例是异步执行的，当后台线程完成任务后通过 postMessage()函数来调用，并通过调用创建者线程的 onmessage()回调函数来通知。在此回调函数中，可以通过 event 对象的 data 属性来获取数据。在这种异步回调执行的过程中，this 的指向会发生变化。如果 onmessage()回调函数写成以下形式：

```
worker.onmessage = function (event) { this.result = event.data };
```

那么在执行 onmessage()函数时，this 实际上指向的是 worker 对象，因此 this.result 的值是 undefined。为了解决这个问题，需要在 onmessage()函数处使用箭头函数，因为箭头函数绑定的是父级作用域的上下文，这里绑定的是 vm 对象。在使用 Vue 3 进行开发时，经常会遇到 this 指向的问题，合理地使用箭头函数可以避免很多问题，后面还会遇到类似的情况。在浏览器中打开页面,输入40,会看到提示信息"请稍候…",过一段时间后会显示斐波那契数列的第40个数。

当定义监听属性时,除直接编写一个函数外还可以指定一个 Vue 3 方法名,代码如下:

```html
<div id = "app">
 年龄: <input type = "text" v - model = "age">
 <p v - if = "info">{{info}}</p>
</div>

<script>
 const vm = Vue.createApp({
  data() {
   return {
    age: 0,
    info: "
   }
  },
  methods: {
   checkAge() {
    if (this.age > = 18)
     this.info = '已成年';
    else
     this.info = '未成年';
   }
  },
  watch: {
   age: 'checkAge'
  }
 }).mount('#app');
</script>
```

监听属性还可以监听一个对象的属性变化,代码如下所示:

```html
<div id = "app">
 年龄:<input type = "text" v - model = "person.age">
 <p v - if = "info">{{info}}</p>
</div>

<script>
 const vm = Vue.createApp({
  data() {
   return {
    person: {
     name: 'lisi',
     age: 0
    },
    info: "
   }
  },
  watch: {
   //该回调会在 person 对象的属性改变时被调用,无论该属性被嵌套得多深
```

```
    person: {
     handler(val, oldVal) {
      if (val.age >= 18)
       this.info = '已成年';
      else
       this.info = '未成年';
      },
      deep: true
    }
   }
  }).mount('#app');
</script>
```

需要注意的是,在监听对象属性变化时,使用了两个新选项:handler 和 deep。handler 用于定义数据变化时调用的监听属性函数,而 deep 主要用于监听对象属性的变化。如果将 deep 的值设置为 true,无论对象属性在对象中的层级有多深,只要该属性的值发生变化,都会被监测到。

监听属性函数在初始渲染时不会被调用,只有在后续监听的属性发生变化时才会被调用。如果要在开始监听后立即执行监听属性函数,可以使用 immediate 选项,并将其值设置为 true,代码如下:

```
watch: {
 //该回调会在 person 对象的属性改变时被调用,无论该属性被嵌套得多深
 person: {
  handler(val, oldVal) {
   if (val.age >= 18)
    this.info = '已成年';
   else
    this.info = '未成年';
   },
   deep: true,
   immediate: true
  }
}
```

如果仅需要监听对象的一个属性变化,且变化不影响对象的其他属性,那么可以直接监听该对象的属性,代码如下:

```
watch: {
 'person.age':function(val,oldVal){
  ...
 }
}
```

除了在 watch 选项中定义监听属性,还可以使用组件实例的 $watch() 函数观察组件实例上响应式属性或计算属性的更改。注意,对于顶层数据属性、prop 和计算属性,只能以字符串形式传递名字,代码如下:

```
vm.$watch('kilometers', (newValue, oldValue) => {
 //这个回调将在 vm.kilometers 改变后调用
 document.getElementById("info").innerHTML = "修改前值为: " + old Value + "修改后值为:
```

```
" + newValue;
})
```

对于更复杂的表达式或嵌套属性,则需要使用函数形式,代码如下:

```
const app = Vue.createApp({
  data() {
   return {
    a: 1,
    b: 2,
    c: {
     d: 3,
     e: 4
    }
   }
  },
  created() {
   // 顶层属性名
   this.$watch('a', (newVal, old Val) => {

   })
   //用于监听单个嵌套属性的函数
   this.$watch(
    () => this.c.d,
    (newVal, oldVal) => {

    }
   )
   // 用于监听复杂表达式的函数
   this.$watch(
    // 每次表达式"this.a + this.b"产生不同的结果时
    // 都会调用处理程序,就好像在观察一个计算属性而没有定义计算属性本身
    () => this.a + this.b,
    (newVal, oldVal) => {

    }
   )
  }
})
```

$watch()函数还可以接受一个可选的选项对象作为其第 3 个参数。例如,要监听对象内部嵌套属性的变化,可以在选项参数中传入 deep:true,代码如下:

```
vm.$watch('person', callback, {
 deep: true
});
```

3.5.4　方法、计算属性与监听属性的区别

在 Vue 3 中,可以通过在表达式中调用 Vue 3 方法来达到与监听属性相同的效果,代码如下:

```
<p>Reversed message: "{{ reversedMessage() }}"</p>
// 在组件中
methods: {
 reversedMessage: function () {
  return this.message.split('').reverse().join('')
 }
}
```

Vue 3方法和计算属性的区别在于，计算属性是基于响应式依赖进行缓存的，只有在相关响应式依赖发生改变时才会重新求值，只要message还没有发生改变，多次访问reversedMessage计算属性就会立即返回之前的计算结果，而不会再次执行函数。这意味着下面代码中的计算属性now将不再更新，因为Date.now()不是响应式依赖：

```
computed: {
 now: function () {
  return Date.now()
 }
}
```

假设有一个计算属性A需要遍历一个庞大的数组并进行大量的计算，且可能有其他的计算属性依赖A，缓存的意义在于系统可避免多次执行A的getter()函数。当某些数据需要随着其他数据的变化而变化时，建议使用计算属性，代码如下：

```
<div id="demo">{{ fullName }}</div>
var vm = new Vue({
 el: '#demo',
 data: {
  firstName: 'Foo',
  lastName: 'Bar',
  fullName: 'Foo Bar'
 },
 watch: {
  firstName: function (val) {
   this.fullName = val + '' + this.lastName
  },
  lastName: function (val) {
   this.fullName = this.firstName + '' + val
  }
 }
})
```

上述代码是命令式的且存在重复代码，采用计算属性的代码如下：

```
var vm = new Vue({
 el: '#demo',
 data: {
  firstName: 'Foo',
  lastName: 'Bar'
 },
 computed: {
  fullName: function () {
   return this.firstName + '' + this.lastName
```

```
      }
    }
  })
```

可以看出，计算属性的版本在可读性和逻辑性上更好。

3.6　事件处理

3.6.1　监听事件 v-on

v-on 用于绑定事件监听器，也可以使用简写的符号"@"来代替它。v-on 后面的参数指定了监听的事件类型，参数值可以是一个函数的名称或内联语句，如果没有使用修饰符，那么可以省略。在普通元素上使用 v-on 时，只能监听原生的 DOM 事件。而在自定义元素组件上使用 v-on 时，可以监听子组件触发的自定义事件，示例代码如下：

```html
<div id = "app">
 <div>
  <button v-on:click = "counter += 1"> Add 1 </button>
  <p>按钮已经点击了 {{ counter }} 次.</p>
 </div>
</div>

<script>
 const vm = Vue.createApp({
  data() {
   return {
    counter: 0
   }
  }
 }).mount('#app');
</script>
```

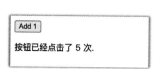

当点击按钮时，点击次数都会加1，运行效果如图3.16所示。

图 3.16　v-on 监听点击事件示例

3.6.2　事件处理函数

在实际开发中由于事件处理逻辑通常比较复杂，因此不建议直接将 JavaScript 代码写在 v-on 中。v-on 还可以接收一个用于调用的函数名称，示例代码如下：

```html
<div id = "app">
  <!-- greet 是在下面定义的函数名 -->
  <button v-on:click = "greet"> Greet </button>
</div>
const vm = Vue.createApp({
   data() {
    return {
     name: 'Vue.js'
    }
   },
```

```
// 在 methods 对象中定义函数
methods: {
  greet: function (event) {
    // this 在函数里指向当前 Vue 实例
    alert('Hello ' + this.name + '!')
    // event 是原生 DOM 事件
    if (event) {
      alert(event.target.tagName)
    }
  }
}
}).mount('#app');
```

3.6.3　内联处理函数

除了直接绑定到一个函数,还可以在内联 JavaScript 语句中调用函数,代码如下:

```
<div id="app">
  <button v-on:click="say('hi')">Say hi</button>
  <button v-on:click="say('what')">Say what</button>
</div>
const vm = Vue.createApp({
  data() {
    return {}
  },
  methods: {
    say: function (message) {
      alert(message)
    }
  }
}).mount('#app');
```

渲染结果如图 3.17 所示,这种方式不会在 v-on 所在元素上出现对应的 JavaScript 事件属性。

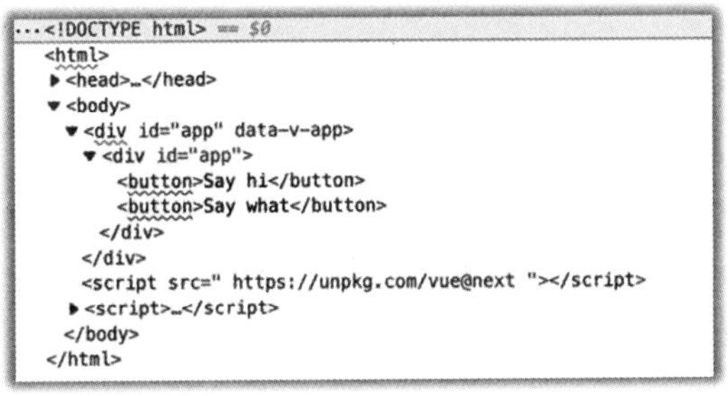

图 3.17　v-on 内联渲染结果

3.6.4　多事件监听

在 Vue 3 中,可以使用 v-on 来绑定事件,有时一个标签上需要绑定多个事件,可以逐一绑定,也可以使用 v-on 一次绑定多个不同的事件,代码如下:

```
< input v-on = "{focus:focus,blur:blur}"></input>
const vm = Vue.createApp({
   data() {
    return {}
   },
   methods: {
    blur() {
     console.log("输入框失去焦点");
    },
    focus() {
     console.log("输入框获取焦点");
    }
   }
}).mount('#app');
```

input 获取焦点和 input 失去焦点的运行效果分别如图 3.18 和图 3.19 所示。

图 3.18　input 获取焦点的运行效果

图 3.19　input 失去焦点的运行效果

3.6.5　事件修饰符

在事件处理程序中调用 event.preventDefault() 或 event.stopPropagation() 是常见需求，虽然可以在函数中实现，但更好的方式是让函数只处理纯粹的数据逻辑，而不是去处理 DOM 事件细节。为此，Vue 3 给 v-on 提供了事件修饰符，修饰符是由点开头的指令后缀来表示的，主要有以下 6 个。

（1）.stop。

（2）.prevent。

（3）.capture。

（4）.self。

（5）.once。

（6）.passive。

示例代码如下：

```
<!-- 阻止点击事件继续传播 -->
<a v-on:click.stop = "doThis"></a>

<!-- 提交事件不再重载页面 -->
<form v-on:submit.prevent = "onSubmit"></form>

<!-- 修饰符可以串联 -->
<a v-on:click.stop.prevent = "doThat"></a>

<!-- 只有修饰符 -->
<form v-on:submit.prevent></form>

<!-- 添加事件监听器时使用事件捕获模式 -->
<!-- 即内部元素触发的事件先在此处理,然后才交由内部元素进行处理 -->
<div v-on:click.capture = "doThis">...</div>

<!-- 只当在 event.target 是当前元素自身时触发处理函数 -->
<!-- 即事件不是从内部元素触发的 -->
<div v-on:click.self = "doThat">...</div>

<!-- 点击事件将只会触发一次 -->
<a v-on:click.once = "doThis"></a>

<!-- 滚动事件的默认行为 (即滚动行为) 将会立即触发 -->
<!-- 而不会等待 onScroll 完成 -->
<!-- 这其中包含 event.preventDefault()的情况 -->
<div v-on:scroll.passive = "onScroll">...</div>
```

使用事件修饰符时,顺序非常重要,因为相应的代码也会按照同样的顺序生成。使用 v-on:click.prevent.self 会阻止所有的点击事件,而 v-on:click.self.prevent 只会阻止对元素本身的点击事件。不要同时使用 .prevent 和 .passive 修饰符,因为 .prevent 修饰符会被忽略,同时浏览器可能会显示一个警告,.passive 修饰符会告诉浏览器不要阻止事件的默认行为。

3.6.6　按键修饰符

Vue 3 允许为 v-on 在监听键盘事件时添加按键修饰符,代码如下:

```
<!-- 只有在 key 是 Enter 时调用 vm.submit() -->
<input v-on:keyup.enter = "submit">
<input v-on:keyup.page-down = "onPageDown">
```

为了在必要的情况下支持旧浏览器,Vue 3 提供了绝大多数常用的按键码的别名,主要有以下 9 个:

(1) .enter。

(2) .tab。

(3) .delete。

(4) .esc。

(5) .space。

（6）.up。

（7）.down。

（8）.left。

（9）.right。

一些按键（如 .esc 和所有方向键）在 IE 9 中的 key 值与其他浏览器不同，如果需要支持 IE 9，则应该使用这些内置的别名，还可以通过全局的 config.keyCodes 对象自定义按键修饰符的别名，代码如下：

```
// 可以使用 v-on:keyup.f1
Vue.config.keyCodes.f1 = 112
```

3.6.7　系统修饰键

在 Vue 3 中还可以使用以下 4 个系统修饰符来实现仅在按相应按键时才触发鼠标或键盘事件的监听器。

（1）.ctrl。

（2）.alt。

（3）.shift。

（4）.meta。

注意，在 macOS 系统键盘上，.meta 对应 command 键（⌘）。在 Windows 系统键盘上，.meta 对应 Windows 徽标键（⊞）。在 Sun 操作系统键盘上，meta 对应实心宝石键（◆）。在其他特定键盘上，尤其是在 MIT 和 Lisp 机器的键盘及其后继产品（如 Knight 键盘、space-cadet 键盘），meta 被标记为"META"。在 Symbolics 键盘上，.meta 被标记为"META"或者"Meta"，示例代码如下：

```
<!-- Alt + C -->
<input v-on:keyup.alt.67="clear">

<!-- Ctrl + Click -->
<div v-on:click.ctrl="doSomething">Do something</div>
```

在同时使用修饰键和 keyup 事件时，只有在按 Ctrl 键的情况下释放其他按键才能触发 keyup.ctrl 事件，如果只释放 Ctrl 键不会触发事件。要实现这种行为，需要使用 keyCode 将 keyup.ctrl 替换为 keyup.17。

Vue 3 内有 1 个特别的 .exact 修饰符，可以和系统修饰符搭配进行更精确的控制。.exact 修饰符允许控制仅当精确的系统修饰符按键按下时触发事件，代码如下：

```
<!-- 即使 Alt 键或 Shift 键被一同按下时也会触发 -->
<button v-on:click.ctrl="onClick">A</button>

<!-- 有且只有 Ctrl 键被按下的时候才触发 -->
<button v-on:click.ctrl.exact="onCtrlClick">A</button>

<!-- 没有任何系统修饰符被按下的时候才触发 -->
<button v-on:click.exact="onClick">A</button>
```

3.7　其他基本指令

3.7.1　首次渲染 v-once

v-once 可以使元素或组件只被渲染一次,该指令不需要赋值,在之后的重新渲染中元素或组件及其所有子节点将被视为静态内容并跳过,可用于优化更新性能,代码如下:

```
< div id = "app">
 < h1 >{{title}}</h1 >
 < a v - for = "nav in navs" : href = "nav. url" v - once >{{nav.name}}</a >
</div >
< script src = " https://unpkg.com/vue@next "></script >
< script >
 const vm = Vue.createApp({
  data() {
   return {
    title: 'v - once 的用法',
    navs: [
     { name: '首页', url: '/home' },
     { name: '新闻', url: '/news' },
     { name: '视频', url: '/video' },
    ]
   }
  }
 }).mount(' # app');
</script >
```

图 3.20　v-once 渲染结果

渲染结果如图 3.20 所示。

虽然看起来和没有使用 v-once 的渲染结果是相同的,但是 v-once 在首次渲染时不会生成动态绑定的代码,这有助于提高渲染性能。可以在控制台中输入以下语句并按回车键:

```
vm.navs.push({name:'论坛', url:'/bbs'})
```

如图 3.21 所示,可以发现页面没有任何变化。

图 3.21　修改 navs 数组的内容的渲染结果

3.7.2　使用 v-cloak 避免渲染时闪烁

示例代码如下所示:

```
< div id = "app">
 < h1 v - cloak >{{message}}</h1 >
```

```
</div>

<script>
 const vm = Vue.createApp({
  data() {
   return {
    message: '渲染结束可见'
   }
  }
 }).mount('#app');
</script>
```

可以发现，当浏览器加载页面时，如果网速较慢或者页面较大，会出现 DOM 树构建完成后直接显示{{message}}的情况，直到 Vue 3 的 JavaScript 文件加载完毕、组件实例创建和模板编译后，才会将{{message}}替换为数据对象中的内容。这个过程中，页面会出现闪烁，用户体验较差。

为了解决这个问题，可以使用 v-cloak，v-cloak 会一直保留在元素上，直到与其关联的 Vue 3 实例完成编译。当与 CSS 规则 v-cloak{ display：none } 一起使用时，该指令可以隐藏未编译的 Mustache 语法，直到实例准备就绪。

在 Vue 3 独立版本的页面开发中，使用 v-cloak 解决初始化慢所导致的页面闪烁非常有效。但是在较大的项目中，由于采用模块化开发，主页面只包含一个空的 div 元素，剩余的内容是由路由挂载不同的组件完成的，因此没有必要使用 v-cloak。

3.8　自定义指令

除了 Vue 3 内置的核心功能指令（如 v-model 和 v-show）外，Vue 3 还允许注册自定义指令。

3.8.1　注册自定义指令

假设需要开发一个输入框，当页面加载时该输入框元素将获得焦点，只要用户在打开这个页面后还没点击过任何内容，这个输入框就仍处于聚焦状态。可以通过自定义指令来实现这个功能，代码如下：

```
// 注册一个全局自定义指令 v-focus
Vue.directive(focus, {
 // 当被绑定的元素插入 DOM 树中时……
 inserted: function (el) {
  // 聚焦元素
  el.focus()
 }
})
```

如果想要注册局部指令，可以在组件选项中添加 directives 属性，代码如下：

```
directives: {
 focus: {
  // 指令的定义
```

```
    inserted: function (el) {
      el.focus()
    }
  }
}
```

然后开发者可以在模板中任何元素上使用新的 v-focus 属性。

3.8.2 钩子函数

一个指令定义对象可以提供以下 5 个钩子函数(均为可选)。

(1) bind:只调用一次,指令第一次绑定到元素时调用,可以进行一次性的初始化设置。

(2) inserted:被绑定元素插入父节点时调用(仅保证父节点存在,但不一定已被插入文档中)。

(3) update:所在组件的 VNode 更新时调用。

(4) componentUpdated:指令所在组件的 VNode 及其子 VNode 全部更新后调用。

(5) unbind:只调用一次,指令与元素解绑时调用。

3.8.3 动态指令参数

指令的参数可以是动态的,例如在 v-mydirective:[argument]="value" 中,argument 参数可以根据组件实例数据进行更新,这使得自定义指令可以在应用中被灵活使用。

例如,可以创建一个自定义指令,用于通过指令值更新垂直坐标,从而将元素以绝对坐标固定在页面上,代码如下:

```
< div id = "baseexample">
  < p>向下滚动页面</p>
  < p v - pin = "200">固定在距离页面顶部 200px 的位置</p>
</div>
Vue.directive('pin', {
  bind: function (el, binding, vnode) {
    el.style.position = 'fixed'
    el.style.top = binding.value + 'px'
  }
})

new Vue({
  el: '#baseexample'
})
```

这会把该元素固定在距离页面顶部 200px 的位置,但如果场景是需要把元素固定在左侧或顶部,则需要使用动态参数根据每个组件实例来进行更新,代码如下:

```
< div id = "dynamicexample">
  < h3>在此区域内向下滚动</h3>
  < p v - pin:[direction] = "200">固定在左侧 200px 的地方</p>
</div>
Vue.directive('pin', {
  bind: function (el, binding, vnode) {
    el.style.position = 'fixed'
```

```
    var s = (binding.arg == 'left'? 'left' : 'top')
    el.style[s] = binding.value + 'px'
  }
})

new Vue({
 el: '#dynamicexample',
 data: function () {
  return {
   direction: 'left'
  }
 }
})
```

3.8.4　函数简写与对象字面量

在许多情况下，开发者可能希望在调用 bind 和 update 钩子函数时触发相同的行为，而不关心其他钩子函数。如果指令需要多个值，可以传入一个 JavaScript 对象字面量，指令函数可以接受所有合法的 JavaScript 表达式，代码如下：

```
<div v-demo = "{ color: 'white', text: 'hello!' }"></div>
Vue.directive('demo', function (el, binding) {
 console.log(binding.value.color)        // 输出 white
 console.log(binding.value.text)         // 输出 hello!
})
```

3.9　案例

3.9.1　使用自定义指令实现随机背景色

有时需要在网页中将一张图片作为某个元素的背景图，但当网络状况较差或图片较大时，图片的加载速度可能会很慢。在这种情况下可以先使用随机的背景色填充该元素的区域，等待图片加载完成后再将元素的背景替换为图片。使用自定义指令可以很方便地实现上述功能，代码如下：

```
<div id = "app">
 <div v-img = "'images/bg.jpg'"></div>
</div>

<script>
 const app = Vue.createApp({});
 app.directive('img', {
  mounted: function (el, binding) {
   let color = Math.floor(Math.random() * 1000000);
   el.style.backgroundColor = '#' + color;
   let img = new Image();
   img.src = binding.value;
   img.onload = function () {
    el.style.backgroundImage = 'url(' + binding.value + ')';
```

```
    }
   }
  })
  app.mount('#app');
</script>
```

3.9.2　注册登录页面信息

在 SPA 中,用户注册时通常会使用 Ajax 将数据以 JSON 格式发送到服务器端。JSON 是 JavaScript 对象字面量语法的子集。在表单提交前通常需要将要发送的数据组织为一个 JavaScript 对象或数组,然后将其转换为 JSON 字符串进行发送。使用 Vue 3 将数据组织为对象的过程非常简单。可以使用 v-model 将输入控件直接绑定到某个对象的属性上,然后使用 v-on 绑定"注册"按钮的 click 事件,在事件处理函数中直接发送该对象即可,完整代码如下所示:

```
<div id="app">
 <form>
  <table border="0">
   <tr>
    <td>用户名:</td>
    <td>
     <input type="text" name="username" v-model="user.username">
    </td>
   </tr>
   <tr>
    <td>密码:</td>
    <td>
     <input type="password" name="password" v-model="user.password">
    </td>
   </tr>
   <tr>
    <td>性别:</td>
    <td>
     <input type="radio" name="gender" value="1" v-model="user.gender">男
     <input type="radio" name="gender" value="0" v-model="user.gender">女
    </td>
   </tr>
   <tr>
    <td>邮件地址:</td>
    <td>
     <input type="text" name="email" v-model="user.email">
    </td>
   </tr>
   <tr>
    <td>密码问题:</td>
    <td>
     <input type="text" name="pwdQuestion" v-model="user.pwdQuestion">
    </td>
   </tr>
   <tr>
    <td>密码答案:</td>
    <td>
```

```
        <input type = "text" name = "pwdAnswer" v - model = "user.pwdAnswer">
      </td>
    </tr>
    <tr>
     <td>
      <input type = "submit" value = "注册" @click.prevent = "register">
     </td>
     <td><input type = "reset" value = "重填"></td>
    </tr>
   </table>
  </form>
 </div>

<script>
 const vm = Vue.createApp({
  data() {
   return {
    user: {
     username: '',
     password: '',
     gender: '',
     email: '',
     pwdQuestion: '',
     pwdAnswer: ''
    }
   }
  },
  methods: {
   register: function () {
    //直接发送 this.user 对象
    // ...
    console.log(this.user);
   }
  }
 }).mount('#app');
</script>
```

在"注册"按钮上绑定 click 事件时使用.prevent 修饰符来阻止表单的默认提交行为，这是因为本案例是在 click 事件响应函数中完成用户注册数据的发送，并不希望发生表单的默认提交行为，浏览器中注册页面的显示效果如图 3.22 所示。

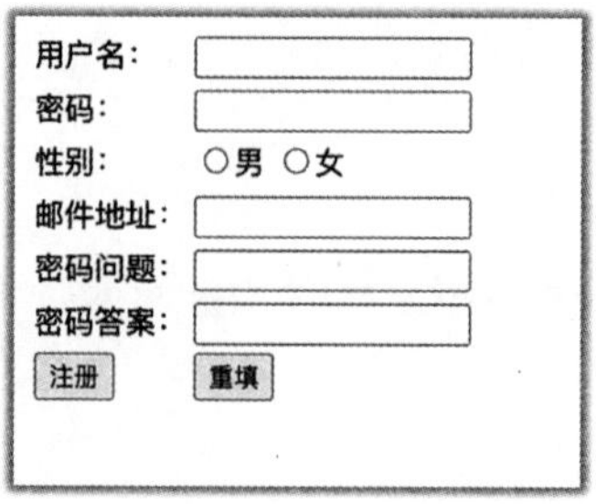

图 3.22　注册页面的显示效果

3.10　本章小节

本章详细介绍了 Vue 3 的内置指令。其中,常用的指令包括 v-if、v-for、v-on、v-bind 和 v-model。读者应该重点掌握这 5 个指令的使用方法。此外,本章还介绍了自定义指令的用法,自定义指令只应用于对 DOM 对象的封装操作。在某些特殊需求下,通过自定义指令封装 DOM 对象操作可以简化代码编写,提高代码的重用性。

习题

1. 描述 v-once 的作用。
2. 描述计算属性和监听属性的异同。
3. 实现一个修改密码页面。

第 4 章

组件应用

视频讲解

4.1 组件的基础概念

组件是 Vue 3 中核心的功能之一,可用于前端应用程序的模块化开发,实现系统的可重用性和可扩展性。组件是可复用的实例,在根组件实例中可用的选项也可以在组件中使用。开发人员可以使用可复用组件系统构建大型应用程序,几乎所有类型的应用程序界面都可以抽象为一棵组件树。

4.1.1 基本使用方法

以下是一个组件的示例代码:

```
// 定义一个名为< button - counter >的新组件
Vue.component('button - counter', {
 data: function () {
  return {
   count: 0
  }
 },
 template: '< button v - on:click = "count++"> You clicked me {{ count }} times.</button>'
})
```

组件是可复用的 Vue 3 实例且带有一个名字,在这个例子中是< button-counter >。开发者可以在创建的 Vue 3 实例中,将这个组件作为自定义元素来使用,代码如下:

```
< div id = "components - demo">
 < button - counter ></button - counter >
</div >
```

组件可以接收与 Vue 3 实例相同的选项,如 data、computed、watch、methods 及钩子函数等,但 el 选项例外。

4.1.2 组件复用

每当复用一个组件时,都会创建一个独立的组件实例来维护其数据,每个实例都独立维护它的数据。定义 < button-counter > 组件时,data 选项并不是一个对象,而是一个函数,这是因为组件的 data 选项必须返回一个对象的独立拷贝,以便每个组件实例都可以维护自己的数据,代码如下:

```
data: function () {
 return {
  count: 0
 }
}
```

4.1.3　组织结构

通常情况下,应用程序会以一棵嵌套的组件树的形式进行组织,如图 4.1 所示。

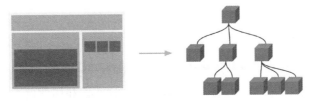

图 4.1　组件嵌套

需要将组件注册到 Vue 3 实例中才能使用,组件的注册方式分为全局注册和局部注册。全局注册使用 Vue 3 实例的 component()函数,该函数接收两个参数,第一个参数是组件的名称,第二个参数是组件的配置对象或组件的选项,语法形式如下:

app.component({ string } name, { Function I Object } definition(optional))

全局注册组件的示例代码如下:

```
const app = Vue.createApp({});

app.component('ButtonCounter', {
  data() {
  return {
    count: 0
  }
  },
  template:
   '< button @click = "count++">
     You clicked me {{ count }} times.
   </button >'
});

app.mount('♯app');
```

运行效果如图 4.2 所示。

组件的内容可以通过 template 选项定义,在使用组件时,组件所在位置会被 template 选项的内容替换。组件注册完成后,可以将组件视为自定义元素,在需要的地方按照元素的方式使用,元素的名称就是注册时指定的组件名称,示例代码如下:

```
< div id = "app">
  < ButtonCounter ></ButtonCounter >
</div >
```

图 4.2 ＜ButtonCounter＞组件的渲染结果

上述代码并不能正常工作，因为 HTML 并不区分元素和属性的大小写，浏览器会把所有大写字符解释为小写字符，如会把＜ButtonCounter＞解释为＜buttoncounter＞，这就导致找不到组件而出现错误，解决办法是在 HTML 模板中采用 kebab-case 命名引用组件，命名代码如下所示：

```
< div id = "app">
  < button – counter ></button – counter >
</div >
```

只要组件注册时采用的是 PascalCase（首字母大写）命名，就可以采用 kebab-case 命名来引用。在非 DOM 模板中，可以使用组件的原始名称，即＜ButtonCounter＞和＜button-counter＞都是可以的。如要保持名字的统一性，可以在注册组件时，直接使用 kebab-case 命名为组件命名，如：

```
app. component( 'button-counter', ...)
```

由于 HTML 不支持自闭合的自定义元素，因此在 HTML 模板中不能将＜ButtonCounter＞组件当作自闭合元素使用，即在 HTML 中不能使用＜button-counter/＞，而应该使用＜button-counter＞</button-counter＞。在非 HTML 模板中不存在这个限制，反而鼓励将没有内容的组件作为自闭合元素使用，这可以明确表示该组件没有内容，并且省略了结束标记，代码也更加简洁。

局部注册是在组件实例的选项对象中使用 components 选项注册，示例代码如下：

```
const MyComponent = {
  data() {
    return {
      count: 0
    }
  },
  template:
  '< button v – on:click = "count++">
    You clicked me {{ count }} times.
  </button >'
}
const app = Vue.createApp({
```

```
  components: {
    ButtonCounter: MyComponent
  }
})).mount('#app');
```

对于 components 选项对象,每个属性的名称就是自定义元素的名称,其属性值就是组件实例。全局注册的组件可以在应用程序的任何组件实例的模板中使用,而局部注册的组件只能在父组件的模板中使用。

4.1.4　钩子函数

在 Vue 3 中针对钩子函数设计了新的函数,这些函数可以帮助开发者编写更好的代码。Vue 3 的 Composition API 提供了一个 setup()函数封装了大部分组件代码,并处理了响应式、钩子函数等,可以取代之前的 beforeCreate()函数和 Create()函数。钩子函数必须导入项目中,这是为了使项目尽可能轻量化,导入方式如下:

```
import { onMounted, onUpdated, onUnmounted } from 'vue'
```

旧的钩子函数可以在 setup()函数中访问,代码如下:

```
import {
 onBeforeMount,
 onMounted,
 onBeforeUpdate,
 onUpdated,
 onBeforeUnmount,
 onUnmounted,
 onActivated,
 onDeactivated,
 onErrorCaptured
} from 'vue'
export default {
 setup() {
  onBeforeMount(() => {
   // ...
  })
  onMounted(() => {
   // ...
  })
  onBeforeUpdate(() => {
   // ...
  })
  onUpdated(() => {
   // ...
  })
  onBeforeUnmount(() => {
   // ...
  })
  onUnmounted(() => {
   // ...
```

```
    })
    onActivated(() => {
     // ...
    })
    onDeactivated(() => {
     // ...
    })
    onErrorCaptured(() => {
     // ...
    })
   }
  }
```

视频讲解

4.2　组件间数据传递

4.2.1　通过 props 属性传递数据

使用组件时可以为组件元素设置属性。首先需要在组件内部注册一些自定义属性,它们称为 prop,prop 是在组件的 props 选项中定义的,然后就可以将 prop 的名称作为元素的属性名来使用,通过属性向组件传递数据,代码如下:

```
Vue.component('blog - post', {
 props: ['title'],
 template: '< h3 >{{ title }}</h3 >'
})
```

一个组件默认可以拥有任意数量的 prop,任何值都可以传递给任何 prop。在上述模板中能够在组件实例中访问 title 这个值,就像访问 data 中的值一样。一个 prop 被注册之后,就可以像这样把数据作为一个自定义属性传递进来。

4.2.2　通过总线传递数据

事件总线是 Vue 3 的一个实例,也称作 EventBus。定义如下:

```
import Vue from 'vue'
export default new Vue()
```

也可以在 main.js 中直接初始化,代码如下:

```
// main.js
Vue.prototype. $EventBus = new Vue()
```

发送事件使用的是 $emit()函数,该函数包含两个参数:事件名称和参数。以下是以 ElementUI 侧边栏菜单折叠为例的代码:

```
< template >
 < div class = "header">
  < div class = "header - logo">
   < img alt = "Vue logo" src = "../../assets/images/common/logo.png" @click = "changeCollapse">
  </div >
 </div >
```

```
</template>

<script>
 import bus from '@/utils/eventBus.js'
 export default {
  data() {
   return {
    collapse: false
   }
  },
  methods: {
   changeCollapse() {
    this.collapse = !this.collapse
    bus.$emit('collapse', this.collapse)
   }
  }
 }
</script>
```

接下来在需要响应的组件中接收事件并做出响应,代码如下:

```
<template>
 <div class="sidebar">
  <el-scrollbar class="scroll-wrapper">
   <el-menu class="sidebar-el-menu" :default-active="$route.path" :collapse=
"collapse" unique-opened router>
    <subItem :items="items" :collapse="collapse" />
   </el-menu>
  </el-scrollbar>
  <div class="slideIn" @click="changeCollapse">||</div>
 </div>
</template>

<script>
 import bus from "@/utils/eventBus.js"
 import subItem from "./subitem"
 export default {
  props: ['items'],
  data() {
   return {
    collapse: false
   }
  },
  created() {
   bus.$on("collapse", msg => {
    this.collapse = msg
   })
  },
  methods: {
   changeCollapse() {
    this.collapse = !this.collapse
    bus.$emit("collapse", this.collapse)
```

```
      }
     }
    }
</script>
```

移除事件可以使用 $off，单独移除某一个事件的监听需要第一个参数，即事件名称，全部移除则不需要任何参数，代码如下：

```
<script>
 import bus from "@/utils/eventBus.js"
 export default {
  methods: {
   handleClick() {
    bus.$off("collapse", {})            // 移除单个事件
    bus.$off()                          // 移除全部事件
   }
  }
 }
</script>
```

4.2.3 通过监听事件传递数据

前面介绍了父组件可以通过 prop 向子组件传递数据，反过来子组件的某些功能需要与父组件进行通信可以通过自定义事件实现。子组件使用 $emit()函数触发事件，父组件使用 v-on 监听子组件的自定义事件，$emit()函数的语法形式如下：

```
$emit(eventName,[... args])
```

eventName 为事件名，args 为附加参数，这些参数会传给事件监听器的回调函数。子组件通过第二个参数向父组件传递数据，子组件代码如下：

```
app.component('child', {
 data: function () {
  return {
   name: '张三'
  }
 },
 methods: {
  handleClick() {
   //调用实例的$emit()函数触发自定义事件 greet,并传递参数
   this.$emit('greet', this.name);

  }
 },
 template: '<button @click = "handleClick">开始欢迎 </button>'
})
```

子组件中的按钮接收到 click 事件后，使用 $emit()函数触发一个自定义事件，使用组件时可以使用 v-on 监听 greet 事件，实现子组件向父组件传递数据，代码如下：

```
<div id = "app">
 <child @greet = "sayHello"></child>
```

```
</div>
const app = Vue.createApp({
 methods: {
  // 自定义事件的附加参数会自动传入函数
  sayHello(name) {
   alert("Hello," + name);
  }
 }
});
```

与组件和 prop 不同,事件名不会自动转换大小写。调用 \$emit()函数触发的事件名称需要与用于监听该事件的名称完全匹配。如果在 v-on 中直接使用 JavaScript 语句,则可以通过 \$emit()函数访问自定义事件的附加参数,示例代码如下:

```
< button @click = " $emit('enlarge - text',0.1)">
 Enlarge text
</button >
```

4.3　内容分发

视频讲解

Vue 3 提供了一套内容分发的 API,该设计灵感源自 Web Components 规范草案,其中使用 < slot > 元素作为分发内容的出口。

4.3.1　基本使用方法

创建组件代码如下:

```
< navigation - link url = "/profile">
 Your Profile
</navigation - link >
```

< navigation-link > 模板代码如下:

```
< a v - bind:href = "url" class = "nav - link">
 < slot ></slot >
</a >
```

当组件渲染时,< slot ></slot > 将被替换为 Your Profile,插槽内可以包含任何模板代码或者组件,代码如下:

```
< navigation - link url = "/profile">
 <!-- 添加一个 Font Awesome 图标 -->
 < span class = "fa fa - user"></span >
 Your Profile
</navigation - link >
< navigation - link url = "/profile">
 <!-- 添加一个图标的组件 -->
 < font - awesome - icon name = "user"></font - awesome - icon >
 Your Profile
</navigation - link >
```

如果< navigation-link > 的模板中没有包含 < slot > 元素,则该组件起始标签和结束标签之间的内容都会被抛弃。

4.3.2 编译作用域

在插槽中使用数据的模板代码如下：

```
< navigation - link url = "/profile">
 Logged in as {{ user.name }}
</navigation - link >
```

该插槽跟模板的其他地方一样，可以访问相同的实例 property（也就是相同的作用域），而不能访问 < navigation-link > 的作用域，以下代码中 url 是访问不到的：

```
< navigation - link url = "/profile">
 Clicking here will send you to: {{ url }}
 //这里的 url 会是 undefined
</navigation - link >
```

4.3.3 后备内容

可以给一个插槽设置默认内容，该内容只会在没有提供内容时被渲染，如< button > 组件大部分时候渲染文本"Submit"作为默认内容，示例代码如下：

```
< button type = "submit">
 < slot > Submit </slot >
</button>
```

当在一个父组件中使用 < submit-button > 并且没有提供任何插槽内容时，将会渲染默认内容"Submit"，如果提供了内容，则会渲染提供的内容，代码如下：

```
< submit - button ></submit - button >
< button type = "submit">
 Submit
</button >
< submit - button >
 Save
</submit - button >
< button type = "submit">
 Save
</button >
```

4.3.4 具名插槽

有时在项目中需要使用多个插槽，< slot > 元素有一个特殊的属性 name，它可以用来定义额外的插槽，没有 name 属性的 < slot > 元素会有一个隐含的名字 default，代码如下：

```
< div class = "container">
 < header >
  < slot name = "header"></slot >
 </header >
 < main >
  < slot ></slot >
```

```
  </main>
  <footer>
   <slot name="footer"></slot>
  </footer>
</div>
```

在向具名插槽提供内容的时候，可以在<template>元素上使用 v-slot，并以 v-slot 的参数的形式提供其名称，代码如下：

```
<base-layout>
 <template v-slot:header>
  <h1>Here might be a page title</h1>
 </template>

 <p>A paragraph for the main content.</p>
 <p>And another one.</p>

 <template v-slot:footer>
  <p>Here's some contact info</p>
 </template>
</base-layout>
```

<template>元素中的所有内容都将传递到相应的插槽中，任何没有被包裹在带有 v-slot 的<template>中的内容都将被视为默认插槽的内容。如果希望更明确，则可以在一个<template>中包括默认插槽的内容，注意 v-slot 只能添加在<template>上，代码如下：

```
<base-layout>
 <template v-slot:header>
  <h1>Here might be a page title</h1>
 </template>

 <template v-slot:default>
  <p>A paragraph for the main content.</p>
  <p>And another one.</p>
 </template>

 <template v-slot:footer>
  <p>Here's some contact info</p>
 </template>
</base-layout>
```

任何一种写法都会渲染出：

```
<div class="container">
 <header>
  <h1>Here might be a page title</h1>
 </header>
 <main>
  <p>A paragraph for the main content.</p>
  <p>And another one.</p>
 </main>
```

```
< footer >
  < p > Here's some contact info </ p >
</ footer >
</ div >
```

4.3.5　作用域插槽

有时候让插槽内容能够访问子组件中的数据是非常有用的,如< current-user >组件想要更改默认内容为 user.firstName,代码如下:

```
< span >
  < slot >{{ user.lastName }}</ slot >
</ span >
< current - user >
  {{ user.firstName }}
</ current - user >
```

上述代码不能正常工作,因为只有 < current-user > 组件可以访问到 user,而代码中提供的内容是在父级渲染的。为了让 user 在父级的插槽内容中可用,可以将 user 作为 < slot > 元素的一个属性绑定上去,代码如下:

```
< span >
  < slot v - bind:user = "user">
    {{ user.lastName }}
  </ slot >
</ span >
```

绑定在< slot >元素上的属性被称为插槽 prop,在父级作用域中可以使用带值的 v-slot 来定义插槽 prop 的名字,将包含所有插槽 prop 的对象命名为 slotProps,也可任意命名,代码如下:

```
< current - user >
  < template v - slot:default = "slotProps">
    {{ slotProps.user.firstName }}
  </ template >
</ current - user >
```

4.3.6　动态插槽名

动态指令参数也可以用在 v-slot 上以定义动态插槽名,代码如下:

```
< base - layout >
  < template v - slot:[dynamicSlotName]>
    ...
  </ template >
</ base - layout >
```

4.4　其他应用

4.4.1　动态组件

在每次切换组件时,Vue 3 都会创建一个新的组件实例。为了避免重复渲染导致的性

能问题,可以使用< keep-alive >元素将动态组件包裹起来以保持组件状态,代码如下:

```
< keep-alive >
  < component v-bind:is = "currentTabComponent" class = "tab">
  </component >
</keep-alive >
```

4.4.2 异步组件

在大型应用中有时需要将应用程序分割为小的代码块,并在需要时仅从服务器中加载一个模块,为了简化这个过程,Vue 3 允许以工厂函数的方式定义组件,这个工厂函数将异步解析组件定义,只有在需要渲染该组件时,Vue 3 才会触发此工厂函数,并将结果缓存以供后续重新渲染,代码如下:

```
Vue.component('async-example', function (resolve, reject) {
  setTimeout(function () {
   // 向 resolve 回调传递组件定义
   resolve({
    template: '< div > I am async!</div >'
   })
  }, 1000)
})
```

该工厂函数将接收到一个 resolve 回调函数,在从服务器获取组件定义时,将调用此回调函数。开发者可以调用 reject(reason) 来表示加载失败,推荐配合使用异步组件与 webpack 的代码分割功能,代码如下:

```
Vue.component('async-webpack-example', function (resolve) {
  // require 语法将自动把构建代码切割成多个包,这些包会通过 Ajax 请求加载
  require(['./my-async-component'], resolve)
})
```

还可以在工厂函数中返回一个 Promise,结合 webpack 2 和 ES2015 语法,可以使用动态导入,代码如下:

```
Vue.component(
  'async-webpack-example',
  // 这个动态导入会返回一个 Promise
  () => import('./my-async-component')
)
```

当使用局部注册时,也可以直接提供一个返回 Promise 的函数,代码如下:

```
new Vue({
  // ...
  components: {
   'my-component': () => import('./my-async-component')
  }
})
```

4.5　案例

4.5.1　实现日历组件

接下来将实现一个日历组件，以下是核心代码：

```html
<template>
 <div id="calender">
  <div class="txt-c p-10">
   <span @click="prev">□</span>
   <input type="text" v-model="year">年
   <input type="text" v-model="month" class="month">月
   <span @click="next">□□□</span>
  </div>
  <div class="weekDay flex jc-sb p-5 day">
   <p v-for="item in weekList" :key="item.id">{{ item }}</p>
  </div>
  <div class="weekDay flex p-5 day">
   <p v-for="item in spaceDay" :key="item.id"></p>
   <p v-for="(item, idx) in (monthDay[this.month - 1] || 30)" @click="setDay(idx)" :
class="idx == activeDay ? 'active' : ''"
     :key="item.id">{{ item }}</p>
  </div>
 </div>
</template>

<script>
export default {
 name: "calender",
 data() {
  return {
   year: '',                              // 年份
   month: '',                             // 月份
   day: '',                               // 天数
   current: '',                           // 当前时间
   weekList: ['周一', '周二', '周三', '周四', '周五', '周六', '周日'],
   monthDay: [31, 31, 30, 31, 30, 31, 31, 30, 31, 30, 31],
   activeDay: '',                         // 选中的日期
   spaceDay: '',                          // 每个月第一天是星期几
   February: ''                           // 判断 2 月的天数
  }
 },
 created() {
  this.current = new Date()
  this.getTheCurrentDate()
  this.getMonthFirstDay()
  this.February = this.isLeapYear(this.year) ? 28 : 29
  this.monthDay.splice(1, 1, this.February)
 },
```

```
watch: {
  month() {
    if (this.month > 12 || this.month < 1) {
      console.log('请输入正确月份')
      return
    }
    this.getMonthFirstDay()
  },
  year() {
    this.getMonthFirstDay()
  }
},
methods: {
  // 判断是否是闰年
  isLeapYear(year) {

    return year % 4 == 0 && year % 100 != 0 || year % 400 == 0;
  },
  // 选取特定天数
  setDay(idx) {
    this.activeDay = idx
    this.day = idx + 1
    console.log('选择的日期是' + this.year + '' + this.month + '' + this.day)
  },
  // 判断月份的第一天是星期几
  getMonthFisrtDay() {
    var firstDayOfCurrentMonth = new Date(this.year, this.month - 1, 1) // 某年某月的第一天
    if (firstDayOfCurrentMonth.getDay() == 0) {
      this.spaceDay = 6
    } else {
      this.spaceDay = firstDayOfCurrentMonth.getDay() - 1
    }
  },
  // 获取当前的日期
  getTheCurrentDate() {
    this.year = this.current.getFullYear()
    this.month = this.current.getMonth() + 1
    this.day = this.current.getDate()
  },
  prev() {
    if (this.month == 1) {
      this.year --
      this.month = 12
    } else {
      this.month --
    }
    this.activeDay = 0
    this.getMonthFirstDay()
  },
  next() {
    if (this.month == 12) {
```

```
        this.year++
        this.month = 1
      } else {
        this.month++
      }
      this.activeDay = 0
      this.getMonthFirstDay()
    }
  }
}
</script>
```

4.5.2　利用组件实现"弹出层"

弹窗类组件的特点是独立于当前 Vue 3 实例之外,不能被写在当前业务的 HTML 模板内,否则样式控制会比较困难,通用性也会变差。通常情况下,弹窗类组件会被挂载在 body 上,通过对 Vue 3 实例的创建和挂载,使用 JavaScript 动态地生成和取消,具体实现思路为:

(1) 创建一个 create()函数。

(2) 传入一个组件的配置,包括组件本身和 props 参数。

(3) 创建组件实例,并将其挂载到 body 上。

(4) 返回组件实例。

具体代码如下:

```
import Vue from 'vue'

// Component 为传入的组件,props 为传入的组件参数
export default function create(Component, props) {

  // 创建实例
  // $mount()把虚拟 DOM 转化为真实 DOM
  const vm = new Vue({
    render(h) {
      return h(Component, { props })
    }
  }). $mount()

  // 通过 vm. $el 获取生成的 DOM 对象,把生成的真实 DOM 对象插入 body 中
  document.body.appendChild(vm. $el)

  // 获取根组件实例
  const comp = vm. $children[0]

  // 弹窗关闭时调用
  comp.remove = () => {
    // 移除本身
    document.body.removeChild(vm. $el)
    // 释放所占资源
    vm. $destroy()
```

```
  }

  // 返回创建的实例
  return comp
}
```

传入要显示的组件，即上文中提到的 Component 参数，代码如下：

```html
<template>
  <div v-if="isShow">
   <h3>{{ title }}</h3>
   <p>{{ message }}</p>
  </div>
</template>

<script>
export default {
  // 上文中传入的 props 参数
  props: {
    title: {
      type: String,
      default: ""
    },
    message: {
      type: String,
      default: ""
    },
    duration: {
      type: Number,
      default: 1000
    }
  },
  data() {
    return {
      isShow: false
    };
  },
  methods: {
    // 调用 show()函数展示
    show() {
      this.isShow = true;
      // 使用 setTimeout 定时关闭
      setTimeout(this.hide, this.duration);
    },
    // 消失后移除自身所占资源
    hide() {
      this.isShow = false;
      this.remove();
    }
  }
};
</script>
```

create()函数返回的是组件自身实例,调用 show()函数即可成功显示弹窗组件,代码如下:

```
create(Notice, {
 title: '我是自定义弹窗组件',
 message: '我成功出现了',
 duration: 3000
}).show()
```

4.6　本章小结

本章完整地介绍了 Vue 3 组件开发涉及的各个知识点。在学习本章时需要保持耐心,仔细阅读章节内容,并尝试动手编写一些实例,以便更好地理解本章的内容。

习题

1. 为什么 data 是一个函数?
2. Vue 3 组件通信有哪些方式?
3. Vue 3 的钩子函数有哪些? 一般在哪一步发送请求?
4. 描述 Vue 3 的父子组件钩子函数执行顺序。

第 5 章

样式绑定

操作页面元素的 class 属性和 style 属性是数据绑定的一个常见的需求,开发者可以使用 v-bind 来处理 class 属性和 style 属性。由于采用字符串拼接为属性赋值比较麻烦且容易出错,因此在 Vue 3 中可以使用对象或数组为属性赋值。

5.1 绑定 HTML 样式

给页面元素设置 class 属性可以更改元素的样式,class 属性值指定样式表的类选择器。

5.1.1 对象控制样式

开发者可以通过传给 v-bind：class 一个对象,从而动态地切换 class 属性值,代码如下:

```
< div v-bind:class = "{ active: isActive }"></ div >
```

上述代码表示 active 这个样式存在与否取决于 isActive 的值,可以通过以下代码来查看 isActive 值的改变对于样式的影响:

```
< div id = 'app'>
 < div v-bind:class = "{active:isActive}"></ div >
</ div >

< script >
 const app = {
  data() {
   return {
    isActive: true
   };
  }
 };
 const vm = Vue.createApp(app).mount('#app');
</ script >
```

渲染结果如图 5.1 所示。

在控制台中输入 vm. $data. isActive = false,可以看到页面发生改变,如图 5.2 所示。

当 isActive 值为 true 时,active 样式起作用,开发者可以在对象中传入更多字段来动态切换多个样式。此外,v-bind：class 指令也可以与普通的 class 属性共存,尝试修改如下模

图 5.1 class 属性绑定对象的渲染结果

图 5.2 isActive 值改变为 false 后的页面变化

板和 data 代码:

```
< div
 class = "static"
 v - bind:class = "{ active: isActive, 'text - danger': hasError }"
></div>
data: {
    isActive: true,
    hasError: false
  }
```

渲染结果如图 5.3 所示。

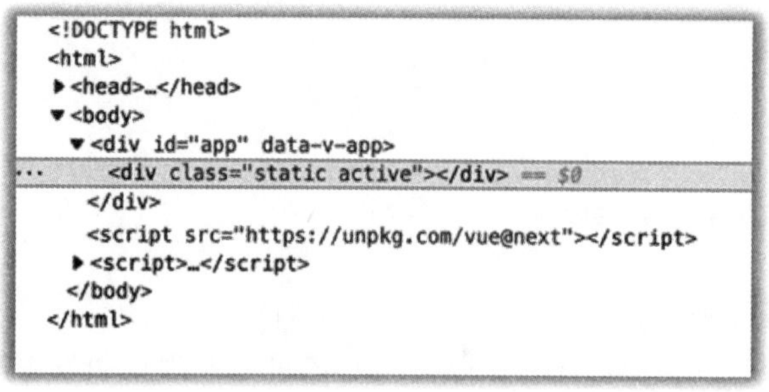

图 5.3 v-bind:class 指令与 class 属性共存的渲染结果

当 isActive 或者 hasError 发生变化时，class 属性的样式也会相应地更新，如将 hasError 的值设置为 true，则 class 属性的样式将变为"static active text-danger"。绑定的数据对象不必内联定义在模板中，如果绑定的数据对象比较复杂，可以在数据属性中单独定义一个对象进行绑定，代码如下：

```
<div id = "app">
 <div v - bind:class = "classObject"></div>
</div>
<script>
 const vm = Vue.createApp(()
 data() {
  return{
   classObject: {
    active: true,
    'text - danger': false
   }
  }
 }
}) .mount('#app');
</script>
```

使用计算属性也可以实现动态更改样式，可以使用一个返回对象的计算属性进行绑定，代码如下：

```
<div v - bind:class = "classObject"></div>
<script>
 const vm = Vue.createApp({
  data() {
   return {
    isActive: true,
    error: null
   }
  },
  computed: {
   classObject() {
    return {
     active: this.isActive && !this.error,
     'text - danger': this.error && this.error.type === 'fatal'
    }
   }
  }
 }).mount('#app');
</script>
```

5.1.2　数组控制样式

开发者可以将数组传给 v-bind：class，这种方式将会在元素上应用一个样式列表，代码如下：

```
<style>
 .active{
```

```
    width:100px;
    height:100px;
    background:green;
   }
   .text - danger {
   background:red;
   }
 </style>

 < div v - bind:class = "[activeClass, errorClass]"></div >
 < script >
  const vm = Vue.createApp({
   data() {
    return {
     activeClass: 'active',
     errorClass: 'text - danger'
    }
   }
 }).mount('#app');
 </script >
```

如果开发者想根据条件切换样式列表中的样式，可以使用三元表达式，代码如下：

```
 < div v - bind:class = "[isActive?activeClass:'',errorClass]"></div >
 < script >
  const vm = Vue.createApp({
   data() {
    return {
     activeClass: 'active',
     errorClass: 'text - danger',
     isActive: true
    }
   }
 }).mount('#app');
 </script >
```

当有多个条件时上述写法有些烦琐，在数组语法中可以使用简化的对象语法，代码如下：

```
 < div v - bind:class = "[{ active: isActive }, errorClass]"></div >
```

5.1.3 在组件中的应用

在一个自定义单根元素组件上使用 class 属性时，会把相应样式添加到该组件的根元素上，而不会覆盖根元素上已有的样式，示例代码如下：

```
Vue.component('my - component', {
 template: '< p class = "foo bar">Hi </p>'
})
< my - component class = "baz boo"></my - component >
< p class = "foo bar baz boo">Hi </p>
```

对于带数据绑定的 class 属性同样适用，代码如下：

```
< my - component v - bind:class = "{ active: isActive }"></my - component >
< p class = "foo bar active"> Hi </p>
```

如果组件有多个根元素,则需要通过使用 $attrs 组件属性来指定哪个根元素接收这个 class 属性,代码如下:

```
< div id = "app">
 < my - component class = "baz"></my - component >
</div >
< script >
 const app = Vue.createApp({})
 app.component('my - component', {
  template: '
    < p :class = " $attrs.class"> Hi!</p>
    < span > This is a child component </span >
     '
  })
</script >
```

5.2　绑定内联样式

使用 v-bind：style 可以给元素绑定内联样式。

5.2.1　对象描述样式

v-bind：style 的对象语法非常直观,看起来非常像 CSS,但实际上是一个 JavaScript 对象。CSS 属性名可以使用驼峰式(camelCase)或短横线分隔(kebab-case)来命名,代码如下:

```
< div id = "app">
 < div v - bind:style = "{ color: activeColor, fontSize: fontSize + 'px' }"></div >
</div >
< script >
 const vm = Vue.createApp({
  data() {
   return {
    activeColor: 'red',
    fontSize: 30
   }
  }
 }).mount('#app');
</script >
```

如果直接使用对象字符串的方式设置 CSS 样式属性,那么代码冗长且可读性较差,可以在数据属性中定义一个样式对象,通过 v-bind：style 绑定该对象让模板更清晰,代码如下:

```
< div id = "app">
 < div v - bind:style = "styleObject"></div >
</div >
```

```
<script>
 const vm = Vue.createApp({
  data() {
   return {
    styleObject: {
     color: 'red',
     fontSize: '13px'
    }
   }
  }
 }).mount('#app');
</script>
```

5.2.2　数组描述样式

v-bind：style 的数组语法可以将多个样式对象应用到同一个元素上，代码如下：

```
<div id="app">
 <div v-bind:style="[baseStyles,moreStyles]"></div>
</div>
<script>
 const vm = Vue.createApp({
  data() {
   return {
    baseStyles: {
     border: 'solid 2px black'
    },
    moreStyles: {
     width: '100px',
     height: '100px',
     background: 'orange',
    }
   }
  }
 }).mount('#app');
</script>
```

5.2.3　自动添加前缀

当 v-bind：style 使用需要添加浏览器引擎前缀的 CSS 属性时，Vue 3 会自动侦测并添加相应的前缀，结果如下所示：

```
transform:rotate(7deg);
-ms-transform:rotate(7deg);          // IE 9
-moz-transform:rotate(7deg);         //Firefox
-webkit-transform:rotate(7deg);      //Safari 和 Chrome
-o-transform:rotate(7deg);           // Opera
```

5.2.4　多重值样式

可以为绑定的 style 属性赋一个包含多个带前缀值的数组，这样写只会渲染数组中最后一个被浏览器支持的值。对于以下代码：

```
<div :style="{display:['-webkit-box','-ms-flexbox','flex']}"></div>
```

如果浏览器支持不带浏览器前缀的 flexbox，那么就只会渲染 display：flex。

5.3　实例：实现列表的奇偶行不同样式

在工程项目中经常需要使用表格来展示多行数据。当表格行数较多时，为了让用户能够区分不同的行，通常会针对奇偶行应用不同的样式，这样用户可以更加清晰地查看数据。

本例定义了一个针对偶数行的样式规则，代码如下：

```
.even {
 background-color: #cdedcd;
}
```

表格数据采用 v-for 循环输出，v-for 可以带一个索引参数，根据这个索引参数判断奇偶行。循环索引从 0 开始，对应的是第 1 行，为了方便判断，将其加 1 后再进行判断。判断规则为 (index+1)%2===0，使用 v-bind：class 的对象语法，当该表达式值为 true 时，应用样式 even，完整代码如下所示：

```
<div id="app" v-cloak>
 <table>
  <tr>
   <th>序号</th>
   <th>课程</th>
   <th>教师</th>
   <th>课时</th>
   <th>操作</th>
  </tr>
  <tr v-for="(book, index) in books" :key="book.id" :class="{even:(index+1)%2===0}">
   <td>{{book.id}}</td>
   <td>{{book.title}}</td>
   <td>{{book.teacher}}</td>
   <td>{{book.classHour}}</td>
   <td>
    <button @click="deleteItem(index)">删除</button>
   </td>
  </tr>
 </table>
</div>

<script>
 const vm = Vue.createApp({
  data() {
   return {
    books: [
     {
      id: 1,
      title: '高等数学',
      teacher: '王老师',
      classHour: 32
```

```
      },
      {
       id: 2,
       title: 'VC++',
       teacher: '李老师',
       classHour: 8
      },
      {
       id: 3,
       title: '英语',
       teacher: '孙老师',
       classHour: 16
      },
      {
       id: 4,
       title: 'Web 开发基础',
       teacher: '王老师',
       classHour: 16
      }
     ]
    }
   },
   methods: {
    deleteItem(index) {
     this.books.splice(index, 1);
    }
   }
}).mount('#app');
</script>
```

上述代码在浏览器中的渲染结果如图 5.4 所示。

序号	课程	老师	课时	操作
1	高等数学	王老师	32	删除
2	VC++	李老师	8	删除
3	英语	孙老师	16	删除
4	Web开发基础	王老师	16	删除

图 5.4　列表的奇偶行不同的渲染结果

5.4　本章小结

　　本章介绍了 class 属性与 style 属性的绑定,开发者在使用 CSS 样式时可以拥有更多的选择和更灵活的处理方式。

习题

　　1. Vue 3 中绑定样式的方式有哪几种?区别是什么?

　　2. 使用样式实现一个 loading 效果。

组件复用

可复用性（reusability）一直是软件开发领域中追求的目标，组件的复用不仅可以提高生产效率和降低生产成本，还可以提高软件质量和改善系统的可维护性。

6.1 DOM 渲染函数实现复用

6.1.1 DOM 基础

DOM 是 HTML 和 XML 文档的编程接口，在内存中将文档以树状数据结构进行组织和访问，DOM 树中的每个分支终点都是一个逻辑上的 DOM 节点，每个 DOM 节点对应一个可编程的 DOM 对象，允许通过编程对 DOM 对象进行创建、修改、删除或者添加事件等操作，以下代码可以帮助读者更好地理解 DOM 树的结构。

```
<!DOCTYPE html>
<html lang = "zh">

<head>
  <meta charset = "UTF-8" />
  <meta name = "viewport" content = "width = device-width, initial-scale = 1.0" />
  <meta http-equiv = "X-UA-Compatible" content = "ie = edge" />
  <title>DOM 树结构</title>
</head>

<body>
  <h1>DOM 对象模型</h1>
  <h2>DOM 树结构</h2>
</body>

</html>
```

Document 节点称为根节点，它包含一个子节点，即 HTML 节点。HTML 节点包含两个子节点，分别是 head 节点和 body 节点。而 head 节点和 body 节点也都有自己的子节点，开发者可以通过 JavaScript 访问文档中的这些节点并进行更改，具体的页面结构如图 6.1 所示。

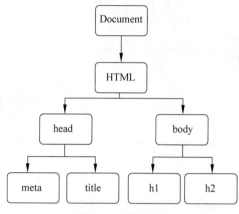

图 6.1　页面结构

6.1.2　JavaScript 动态生成 DOM 对象

1. 选择对象

在 HTML 文档中，常用的选择 DOM 对象的函数有以下 3 种。

（1）getElementById()：返回一个匹配特定 ID 的对象。

（2）querySelector()：返回文档中与指定选择器或选择器组匹配的第一个 HTMLElement 对象。

（3）querySelectorAll()：返回与指定选择器组匹配的文档中的对象列表（使用深度优先先序遍历文档的节点）。

2. 添加对象

可以使用 document.createElement() 向 DOM 树添加新对象，并通过 textContent 为其添加内容，下面的示例代码演示了如何在电影档期列表中添加新的档期：

```html
<!DOCTYPE html>
<html lang = "zh">

<head>
  <meta charset = "UTF-8" />
  <meta name = "viewport" content = "width = device-width, initial-scale = 1.0" />
  <meta http-equiv = "X-UA-Compatible" content = "ie = edge" />
  <title>DOM 树结构</title>
</head>

<body>
  <h1>2021 国庆电影档期</h1>
  <ul class = "movies" id = "movies">
    <li>«长津湖»</li>
    <li>«我和我的父辈»</li>
    <li>«铁道英雄»</li>
  </ul>

  <script type = "text/javascript">
    const movieItems = document.getElementById("movies");
```

```
    const newMovie = document.createElement("li");
    newMovie.textContent = "《老鹰抓小鸡》";
    movieItems.appendChild(newMovie);
  </script>
</body>

</html>
```

3. 更改 CSS 样式

通过使用 style 属性能够更改 HTML 文档中的 CSS 样式。以国庆电影档期为例,可以通过以下代码更改页面标题 h1 元素的字体大小和字体颜色,代码如下:

```
<!DOCTYPE html>
< html lang = "zh">

< head >
 < meta charset = "UTF - 8" />
 < meta name = "viewport" content = "width = device - width, initial - scale = 1.0" />
 < meta http - equiv = "X - UA - Compatible" content = "ie = edge" />
 < title > DOM 树结构</title >
</head >

< body >
 < h1 > 2021 国庆电影档期</h1 >
 < ul class = "movies">
  < li >《长津湖》</li >
  < li >《我和我的父辈》</li >
  < li >《铁道英雄》</li >
 </ul >

 < script type = "text/javascript">
  const pageTitle = document.querySelector("h1");
  pageTitle.style.fontSize = "24px";
  pageTitle.style.color = "#0000FF";
 </script >
</body >

</html>
```

可以看出,在业务需求下,使用 JavaScript 来操作 DOM 对象非常方便。因为在早期的 Web 应用中页面的局部刷新并不多,所以对 DOM 对象进行操作的次数比较少,对性能的影响微乎其微。随着 SPA 的流行,页面跳转、更新等都是在同一个页面中完成的,对 DOM 对象的操作也变得更加频繁。一款优秀的 Web 前端框架必须考虑 DOM 树渲染效率的问题,Vue 2 和 React 采用了相同的方案,即在 DOM 树结构之上增加一个抽象层,这就是虚拟 DOM 树。Vue 3 重写了虚拟 DOM 树的实现,使性能更加优异。

在 Vue 3 中,每一个虚拟节点都是一个 VNode 实例。虚拟 DOM 树由普通的 JavaScript 对象构成,访问 JavaScript 对象比访问真实 DOM 对象要快得多。Vue 3 在更新真实 DOM 树前会比较更新前后的虚拟 DOM 树中存在差异的部分,然后采用异步更新队列的方式将差异部分更新到真实 DOM 树中,从而减少了最终在真实 DOM 树上执行的操作次数,提高了页面渲染的效率。

　　Vue 3 推荐在大多数情况下使用模板构建 HTML，但在一些场景中需要直接使用 JavaScript 进行渲染编程，这时可以使用 render()函数。例如，生成一些带锚点的标题，容易想到的实现方式是仅通过名称为 level 的属性动态生成标题，代码如下：

```html
<h1>
 <a name="hello-world" href="#hello-world">
  Hello world!
 </a>
</h1>

<anchored-heading :level="1">Hello world!</anchored-heading>

<script type="text/x-template" id="anchored-heading-template">
 <h1 v-if="level === 1">
  <slot></slot>
 </h1>
 <h2 v-else-if="level === 2">
  <slot></slot>
 </h2>
 <h3 v-else-if="level === 3">
  <slot></slot>
 </h3>
 <h4 v-else-if="level === 4">
  <slot></slot>
 </h4>
 <h5 v-else-if="level === 5">
  <slot></slot>
 </h5>
 <h6 v-else-if="level === 6">
  <slot></slot>
 </h6>
</script>
Vue.component('anchored-heading', {
 template: '#anchored-heading-template',
 props: {
  level: {
   type: Number,
   required: true
  }
 }
})
```

　　在这种情况下，模板并不是最佳的选择，因为代码会变得冗长，每个标题级别都需要重复编写<slot></slot>并插入锚点元素。可以尝试使用 render()函数来重新编写代码，具体如下：

```js
Vue.component('anchored-heading', {
 render: function (createElement) {
  return createElement(
```

```
      'h' + this.level,                    // 标签名称
      this.$slots.default                  // 子节点数组
    )
  },
  props: {
    level: {
      type: Number,
      required: true
    }
  }
})
```

这样代码看起来简洁了很多,但需要非常熟悉 Vue 3 的实例属性,向组件中传递不带 v-slot 的子节点时(如 anchored-heading 中的 Hello world!),这些子节点会被存储在组件实例中的 $slots.default 中。

6.1.3　引入 JSX 语法

即使是简单模板,在 render() 函数中编写也会变得很复杂,同时模板中的 DOM 树结构不易于阅读。当模板比较复杂、元素之间嵌套的层级较多时,通过函数一层层嵌套也会令人困惑。

可以通过一个 Babel 插件(https://github.com/vuejs/jsx-next)让 Vue 3 支持 JSX (JavaScript XML)语法,从而简化 render() 函数中的模板创建。JSX 是一种 JavaScript 的语法扩展,用于描述用户界面,其语法格式比较像模板语言,是在 JavaScript 内部实现的,可以在 https://zh-hans.reactjs.org/docs/jsx-in-depth.html 网站上查看与其相关的内容。DOM 树结构示例代码如下:

```
<anchored-heading :level="1">
  world!
</anchored-heading>
```

Vue.h()是创建元素的函数,其中的 default()函数和 render()函数一样,都负责渲染,不使用 JSX 语法的 default()渲染函数代码如下:

```
Vue.h(
  Vue.resolveComponent('anchored-heading'),
  {
    level: 1
  },
  {
    default: () => [Vue.h('span', 'Hello'), 'world!']
  }
)
```

使用 JSX 语法的 render()函数代码如下:

```
import AnchoredHeading from './AnchoredHeading.vue'
const app = createApp({
  render() {
    return (
      <Anchored-heading level={1}>
```

```
<span>Hello</span>world!
</Anchored-heading>
)
}
})
App.mount('#demo')
```

6.1.4 函数式组件

6.1.3 节创建的锚点标题组件比较简单，没有管理任何状态，也没有监听任何状态和钩子函数，它只是一个接收一些 props 的函数。该场景下可以将组件标记为函数式组件，这意味着它既没有状态，也没有上下文，代码如下：

```
Vue.component('my-component', {
 functional: true,
 // props 是可选的
 props: {
  // ...
 },
 // 第二个参数为上下文
 render: function (createElement, context) {
  // ...
 }
})
```

使用函数式组件时，组件的引用将会是 HTMLElement，它既没有状态也没有实例。组件需要的一切都通过 context 参数传递，该参数是包括以下 8 个字段的对象：

（1）props：提供所有 props 的对象。

（2）children：VNode 子节点的数组。

（3）slots：一个函数，返回包含所有插槽的对象。

（4）scopedSlots：一个暴露传入的作用域插槽的对象，也以函数形式暴露普通插槽。

（5）data：传递给组件的整个数据对象，作为 createElement 的第二个参数传入组件。

（6）parent：对父组件的引用。

（7）listeners：一个包含所有父组件为当前组件注册的事件监听器的对象。这是 data.on 的一个别名。

（8）injections：如果使用了 inject 选项，则该对象包含了应当被注入的 property。

在将锚点标题组件标记为函数式组件后，可以更新其渲染函数，增加 context 参数并将 this.$slots.default 更新为 context.children，将 this.level 更新为 context.props.level。

因为函数式组件只是函数，所以渲染开销也会大大减少，作为包装组件同样非常有用，需求场景包括以下两种：

（1）程序化地在多个组件中选择一个来代为渲染。

（2）在将 children、props、data 传递给子组件之前操作它们。

smart-list 组件能根据传入的 props 值渲染更具体的组件，示例代码如下：

```
var EmptyList = { /* ... */ }
var TableList = { /* ... */ }
```

```
var OrderedList = { /* ... */ }
var UnorderedList = { /* ... */ }

Vue.component('smart-list', {
  functional: true,
  props: {
    items: {
      type: Array,
      required: true
    },
    isOrdered: Boolean
  },
  render: function (createElement, context) {
    function appropriateListComponent() {
      var items = context.props.items

      if (items.length === 0) return EmptyList
      if (typeof items[0] === 'object') return TableList
      if (context.props.isOrdered) return OrderedList

      return UnorderedList
    }

    return createElement(
      appropriateListComponent(),
      context.data,
      context.children
    )
  }
})
```

在函数式组件中，没有被定义为 props 的属性不会自动添加到组件的根元素上，需要显式定义该行为，代码如下：

```
Vue.component('my-functional-button', {
  functional: true,
  render: function (createElement, context) {
    // 完全透传属性、事件监听器、子节点等
    return createElement('button', context.data, context.children)
  }
})
```

通过将 context.data 作为 createElement 的第二个参数传递，可以将 my-functional-button 组件上的所有属性和事件监听器传递给下一层，这个过程非常透明，以至于一些事件不需要使用 .native 修饰符。如果要使用基于模板的函数式组件，则需要手动添加属性和监听器。开发人员可以访问其独立的上下文内容，因此可以使用 data.attrs 传递任何 HTML 属性，并使用 listeners（即 data.on 的别名）传递任何事件监听器，代码如下：

```
<template functional>
  <button
    class="btn btn-primary"
```

```
  v-bind = "data.attrs"
  v-on = "listeners"
 >
 <slot/>
</button>
</template>
```

接下来对比 slots()和 children。slots()返回的插槽对象会被渲染在 DOM 树结构中，children 本身就是 DOM 节点，而 slots().default 是 slots 的默认状态，尽管 slots().default 与 children 功能类似，但在带有子节点的函数式组件中则有所不同，对于该组件，children 会提供两个段落标签，而 slots().default 只传递第二个匿名段落标签，slots().foo 会传递第一个匿名段落标签。因此在拥有 children 和 slots()的情况下，可以选择让组件感知某个插槽机制，或者简单地通过传递 children 来移交给其他组件去处理，代码如下：

```
<my-functional-component>
# 以下为 children 部分组件
 <p v-slot:foo>
  first
 </p>
 <p>second</p>
</my-functional-component>
```

6.1.5 模版编译

以下是一个简单的示例。使用 Vue.compile()函数实时编译下面的模板字符串：

```
<div>
 <header>
  <h1>I'm a template!</h1>
 </header>
 <p v-if = "message">{{ message }}</p>
 <p v-else>No message.</p>
</div>
```

该模板会编译成如下的渲染函数：

```
function anonymous() {
  with (this) { return _c('div', [_m(0), (message) ? _c('p', [_v(_s(message))]) : _c('p', [_v("
No message.")])]) }
}

_m(0): function anonymous(
) {
  with (this) { return _c('header', [_c('h1', [_v("I'm a template!")])]) }
}
```

6.2 混入对象

混入（Mixin）提供了一种非常灵活的方式，用于在 Vue 3 组件中分发可复用功能。混入对象可以包含任意组件选项。当组件使用混入对象时，所有混入对象的选项都会被"混

合"到该组件本身的选项中,代码如下:

```
// 定义一个混入对象
var myMixin = {
 created: function () {
  this.hello()
 },
 methods: {
  hello: function () {
   console.log('hello from mixin!')
  }
 }
}

// 定义一个使用混入对象的组件
var Component = Vue.extend({
 mixins: [myMixin]
})

var component = new Component()                    // 输出 hello from mixin!
```

6.2.1　选项合并复用

当组件和混入对象含有同名选项时,这些选项将以合适的方式进行"合并"。例如,数据对象会在内部进行递归合并,并在发生冲突时以组件数据为优先,代码如下:

```
var mixin = {
 data: function () {
  return {
   message: 'hello',
   foo: 'abc'
  }
 }
}

new Vue({
 mixins: [mixin],
 data: function () {
  return {
   message: 'goodbye',
   bar: 'def'
  }
 },
 created: function () {
  console.log(this. $data)
  // 输出: { message: "goodbye", foo: "abc", bar: "def" }
 }
})
```

相同名称的钩子函数将被合并成一个数组,混入对象的钩子函数将在组件自身钩子函数之前被调用,代码如下:

```
var mixin = {
 created: function () {
  console.log('混入对象的钩子函数被调用')
 }
}

new Vue({
 mixins: [mixin],
 created: function () {
  console.log('组件钩子函数被调用')
 }
})

// 输出:混入对象的钩子函数被调用
// 输出:组件钩子函数被调用
```

值为对象的选项，如 methods、components 和 directives，将会被合并为同一个对象。如果两个对象中存在相同的键名，则以组件对象中的键值对为准，代码如下:

```
var mixin = {
 methods: {
  foo: function () {
   console.log('foo')
  },
  conflicting: function () {
   console.log('from mixin')
  }
 }
}

var vm = new Vue({
 mixins: [mixin],
 methods: {
  bar: function () {
   console.log('bar')
  },
  conflicting: function () {
   console.log('from self')
  }
 }
})

vm.foo()                              // 输出 foo
vm.bar()                              // 输出 bar
vm.conflicting()                      // 输出 from self
```

6.2.2　全局混入复用

混入也可以进行全局注册,如果使用全局混入,则会影响随后创建的每一个 Vue 3 实例,这可以用来为自定义选项注入处理逻辑,代码如下:

```
// 为自定义的选项 myOption 注入一个处理器
Vue.mixin({
 created: function () {
  var myOption = this. $options.myOption
  if (myOption) {
   console.log(myOption)
  }
 }
})

new Vue({
 myOption: 'hello!'
})
// 输出 hello!
```

6.2.3 自定义选项合并策略

自定义选项将使用默认策略，即简单地覆盖已有值。如果想让自定义选项以自定义逻辑合并，可以向 Vue.config.optionMergeStrategies 添加一个函数，代码如下：

```
Vue.config.optionMergeStrategies.myOption = function (toVal, fromVal) {
 // 返回合并后的值
}
```

对于多数值为对象的选项，可以使用与 methods 相同的合并策略，代码如下：

```
var strategies = Vue.config.optionMergeStrategies
strategies.myOption = strategies.methods
```

Vuex 1 的混入策略里提供了一个更高级的例子，代码如下：

```
const merge = Vue.config.optionMergeStrategies.computed
Vue.config.optionMergeStrategies.vuex = function (toVal, fromVal) {
 if (!toVal) return fromVal
 if (!fromVal) return toVal
 return {
  getters: merge(toVal.getters, fromVal.getters),
  state: merge(toVal.state, fromVal.state),
  actions: merge(toVal.actions, fromVal.actions)
 }
}
```

6.3 插件复用

插件通常被用于为 Vue 3 添加全局功能，它的功能范围没有严格的限制。例如，vue-router 插件采用添加 Vue 3 实例函数的方式，通过将插件添加到 Vue.prototype 上实现相应的功能，并提供插件内部的 API。一般插件复用有以下 3 种方式。

（1）添加全局函数或属性，如 vue-custom-element。

（2）添加全局资源（指令、过滤器、过渡等），如 vue-touch。

（3）通过全局混入来添加一些组件选项，如 vue-router。

6.3.1 编写插件

Vue 3 的插件公开（暴露）一个 install() 函数,该函数的第一个参数是 Vue 3 构造器,第二个参数是一个可选的选项对象,代码如下:

```
MyPlugin.install = function (Vue, options) {
  // 1. 添加全局函数或 property
  Vue.myGlobalMethod = function () {
   // 逻辑...
  }

  // 2. 添加全局资源
  Vue.directive('my-directive', {
   bind (el, binding, vnode, oldVnode) {
    // 待完善的逻辑
   }
   ...
  })

  // 3. 注入组件选项
  Vue.mixin({
   created: function () {
    // 待完善的逻辑
   }
   ...
  })

  // 4. 添加实例函数
  Vue.prototype.$myMethod = function (methodOptions) {
   // 待完善的逻辑
  }
}
```

6.3.2 使用插件

使用插件需要通过全局函数 Vue.use(),在调用 new Vue()启动应用之前,需要先完成该操作,也可以传入一个可选的选项对象,代码如下:

```
// 调用 'MyPlugin.install(Vue)'
Vue.use(MyPlugin)

new Vue({
 // 组件选项
})
Vue.use(MyPlugin, { someOption: true })
```

Vue.use() 会自动阻止多次注册相同的插件,即使多次调用也只会注册一次该插件。Vue 3 官方提供的一些插件(如 vue-router)会在检测到 Vue 3 是可访问的全局变量时自动调用 Vue.use(),但在 CommonJS 这样的模块环境中,应始终显式地调用 Vue.use(),代码如下:

```
// 用 Browserify 或 webpack 提供的 CommonJS 模块环境时
var Vue = require('vue')
var VueRouter = require('vue-router')

// 不要忘了调用此函数
Vue.use(VueRouter)
```

这里推荐 awesome-vue 插件库，它是一个用于收集和整理 Vue 生态圈中优秀开源项目的网站，包含 Vue 相关的各类工具、组件、插件、开发框架等，致力于为广大 Vue 开发者提供方便快捷的插件资源查询和使用支持。

6.4　案例：使用渲染函数渲染列表

本节将使用 render() 函数实现列表的渲染功能。为了渲染特定样式的列表，需要先实现单个列表项的组件 ListItem，假设场景为帖子列表，则每个列表项将展示帖子的简介内容，代码如下：

```
app.component('ListItem', {
    props: {
     content: {
      type: Object,
      required: true
     }
    },
    render() {
     return Vue.h('li', [
      Vue.h('p', [
       Vue.h(
        'span',
        //这是<span>元素的内容
        '标题:' + this.content.title + '|发帖人:' + this.content.author + '|发帖时间:' +
this.content.date + '|点赞数:' + this.content.Vote
       ),
       Vue.h(
        'button', {
        //单击按钮,向父组件提交自定义事件 vote
        onClick: () => this.$emit('vote')
       }, '赞')
      ])
     ]);
    }
   })
```

Vue.h() 函数的两个参数都是可选的，区分第二个参数和第三个参数的简单方式是看是对象传参还是数组传参，对象传参是第二个参数（设置元素的属性信息），数组传参是第三个参数（设置子节点信息）。

接下来是列表组件 ContentList 的代码，其中粗体显示的部分是针对子组件的处理方式，代码如下：

```
//父组件
```

```
app.component('ContentList', {
  data() {
  return {
    contents: [
      { id: 1, title: '如何学好前端开发', author: '张三', date: '3 个月前', vote: 0 },
      { id: 2, title: 'Vue 3 与 Vue 2 的差异', author: '李四', date: '1 个月前', vote: 0 },
      { id: 3, title: 'Web 3.0 初探', author: '王五', date: '2 天前', vote: 0 }
      ]
    }
  },
  methods: {
  //自定义事件 vote 的事件处理器函数
  handleVote(id) {
    this.contents.map(item => {
    item.id === id ? { ...item, voite: ++item.vote } : item;
    })
  }
  },
  render() {
  let contentNodes = [];
  //this.contents.map 取代 v-for
  //构造子组件的虚拟节点
  this.contents.map(item => {
    let node = Vue.h(Vue.resolveComponent('ListItem'), {
        content: item,
        onVote: () => this.handleVote(item.id)
    });
    contentNodes.push(node);
  })
  return Vue.h('div', [
    Vue.h('ul', [contentNodes])
  ]
  );
  },
})
```

6.5 本章小结

本章完整地介绍了 Vue 3 组件开发中如何提高重用能力的内容，仔细阅读本章的内容，动手编写一些实例，这样能够更好地理解本章的内容。

习题

1. 组件封装的优点有哪些？
2. 描述组件的生命周期及对生命周期的理解。
3. Vue 3 的父组件和子组件钩子函数执行顺序是什么？
4. 谈谈你对 keep-alive 的了解。
5. 组件中 data 为什么是一个函数？

Vue 路由

视频讲解

前端路由就是把不同的路由映射到不同的内容或页面。HTML 5 新增了 history. pushState 和 history. replaceState 两个 API,为前端操作浏览器历史栈提供了可能性,这两个 API 都可以操作浏览器的历史栈,而不会引起页面的刷新。

7.1　路由基础

目前常见的前端路由方案主要有以下 4 种。

(1) hash 模式:基于锚点的原理实现,简单易用。

(2) history 模式:使用 HTML 5 标准中的 History API,通过监听 popstate 事件来对 DOM 对象进行操作,每次路由变化不会引起重定向。

(3) memory 模式:在内存中维护一个堆栈用于管理访问历史的方式,在早期移动端使用比较多,实现麻烦,问题也较多。React Native 使用这种路由模式。

(4) static 模式:主要用于服务端渲染(SSR),需要后端去管理路由。

7.1.1　什么是 Vue Router

Vue Router 是 Vue 3 官方提供的路由管理器,与 Vue 3 核心深度集成,使构建 SPA 变得简单,提供以下 8 个功能。

(1) 路由和视图表支持嵌套。

(2) 路由支持组件化和模块化配置。

(3) 支持路由参数、查询参数和通配符。

(4) 基于 Vue 3 过渡系统实现更好的视图过渡效果。

(5) 支持更细粒度的导航控制。

(6) 链接支持自动激活 CSS 类。

(7) 支持 HTML 5 历史模式或 hash 模式,且自动降级至 IE 9。

(8) 自定义滚动行为。

7.1.2　在 HTML 中使用 Vue Router

在使用 Vue Router 时需要使用一个自定义组件 router-link 来创建链接,这使得 Vue Router 可以在不重新加载页面的情况下更改 URL、处理 URL 的生成及编码,router-view

组件负责控制显示与 URL 对应的组件，可以将其放置在任何位置，以适应所需的布局，示例代码如下：

```
<script src = "https://unpkg.com/vue-router@4"></script>

<div id = "app">
  <h1>Hello App!</h1>
  <p>
    <!-- 使用 router-link 组件来导航. -->
    <!-- 通过传入 to 属性指定链接. -->
    <!-- <router-link> 默认会渲染成一个 <a> 标签 -->
    <router-link to = "/foo">Go to Foo</router-link>
    <router-link to = "/bar">Go to Bar</router-link>
  </p>
  <!-- 路由出口 -->
  <!-- 路由匹配到的组件将渲染在这里 -->
  <router-view></router-view>
</div>
```

渲染后的页面如图 7.1 所示，router-link 会被渲染成<a>标签。

图 7.1　Vue Router 渲染后的页面

7.1.3　在 JavaScript 代码中使用 Vue Router

在 JavaScript 中可以方便地使用 Vue Router，代码如下：

```
// 如果使用模块化机制编程,导入 Vue 和 Vue Router,要调用 Vue.use(VueRouter)
// 1. 定义 (路由) 组件
// 可以从其他文件 import 进来
const Foo = { template: '<div>foo</div>' }
const Bar = { template: '<div>bar</div>' }

// 2. 定义路由
const routes = [
```

```
    { path: '/foo', component: Foo },
    { path: '/bar', component: Bar }
]
// 3. 创建 router 实例,然后传 routes 配置
const router = VueRouter.createRouter ({
    history: VueRouter.createWebHashHistory(),
    routes                                         // 相当于 routes: routes
})

// 4. 创建和挂载根实例
const app = Vue.createApp({
    //options
}).use(router). $mount('♯app')
```

通过注入路由器,可以在任何组件内使用路由器,通过 this. $router 访问路由器或者当前路由的信息,代码如下:

```
// Home.vue
export default {
    computed: {
        username() {
            return this. $route. params. username
        }
    },
    methods: {
        goBack() {
            window. history. length > 1 ? this. $router.go( - 1) : this. $router. push('/')
        }
    }
}
```

7.2　动态路由

开发者常需将所有匹配某种模式的路由映射到同一个组件。例如一个"用户"组件,所有 id 不相同的用户都用此组件来渲染,可以在 Vue Router 的路由路径中使用动态路径参数 (dynamic segment)来实现这一目标,代码如下:

```
const User = {
    template: '< div > User </div >'
}

const router = VueRouter.createRouter ({
    routes: [
        // 动态路径参数以冒号开头
        { path: '/user/:id', component: User }
    ]
})
```

通过上述函数,用户在 URL 中输入路径/user/foo 和 /user/bar 都将被映射到同一个路由。在 Vue Router 中,使用冒号":"标记路径参数,在匹配到路由时,参数值会被设置到

this. $route. params 中,可以在每个组件内使用,利用这个特性可以更新 User 组件的模板,代码如下:

```
const User = {
  template: '<div>User {{ $route.params.id }}</div>'
}
```

开发者也可以在一个路由中设置多个路径参数,对应的值都会被设置到 $route. params 中。除了 $route. params 外, $route 对象还提供了其他有用的信息,如 $route. query(如果 URL 中有查询参数)、$route. hash 等。

7.2.1　参数响应

当使用带有参数的路由时,相同的组件实例将被重复使用,两个路由渲染同一个组件,相较于销毁再创建,复用则更加高效,但组件的钩子函数不会被调用。若要对同一个组件中参数的变化做出响应,开发者可以观测 $route 对象上的任意属性(如 $route. params),也可以使用 beforeRouteUpdate 导航守卫来取消导航,代码如下:

```
const User = {
  template: '...',
  created() {
    this. $watch(
      () => this. $route.params,
      (toParams, previousParams) => {
        // 对路由变化做出响应
      }
    )
  },
}
const User = {
  template: '...',
  async beforeRouteUpdate(to, from) {
    // 对路由变化做出响应
    this.userData = await fetchUser(to.params.id)
  },
}
```

7.2.2　捕获所有路由

常规参数只匹配 URL 片段之间的字符,使用"/"分隔,如需匹配任意路径,可使用自定义的路径参数正则表达式。示例代码如下:

```
const routes = [
  // 将匹配所有内容并将其放在 $route.params.pathMatch 下
  { path: '/:pathMatch(.*)*', name: 'NotFound', component: NotFound },
  // 将匹配以 /user-开头的所有内容,并将其放在 $route.params.afterUser 下
  { path: '/user-:afterUser(.*)', component: UserGeneric },
]
```

在路径参数后的括号中加入了一个自定义的正则表达式,并将 pathMatch 参数标记为

可选、可重复。这样做是为了让开发者可以通过将路径拆分成一个数组直接导航到路由,代码如下:

```
this. $router.push({
  name: 'NotFound',
  // 保留当前路径并删除第一个字符
  params: { pathMatch: this. $route.path.substring(1).split('/') },
  // 保留现有的查询和 hash 值
  query: this. $route.query,
  hash: this. $route.hash,
})
```

7.2.3　高级匹配模式和匹配优先级

大多数应用通常会使用静态路由(如/about)和动态路由(如/users/:userId),但是 Vue Router 还可以提供更多的路由方式,具体如下。

1. 在参数中自定义正则表达式

在定义类似 :userId 的参数时,内部会使用正则表达式([^/]+)从 URL 中提取参数,但当需要根据参数内容来区分两个路由时则不再适用。例如,考虑两个路由 /:orderId 和 /:productName 将匹配完全相同的 URL,最简单的方法是在路径中添加一个静态部分来区分两者,代码如下:

```
const routes = [
  // 匹配 /o/3549
  { path: '/o/:orderId' },
  // 匹配 /p/books
  { path: '/p/:productName' },
]
```

某些情况下并不想添加静态的 /o /p 部分。由于 orderId 总是一个数字,而 productName 可以是任何内容,因此可以在括号中为参数指定一个自定义的正则表达式,如果转到类似 /25 这种数字将匹配 /:orderId,其他情况将匹配 /:productName,routes 数组中路由的顺序则不重要,代码如下:

```
const routes = [
  // /:orderId -> 仅匹配数字
  { path: '/:orderId(\\d+)' },
  // /:productName -> 匹配其他任何内容
  { path: '/:productName' },
]
```

2. 可重复的参数

如果需要匹配具有多个部分的路由,如/first/second/third,应该使用"＊"(表示 0 个或多个)和"＋"(表示 1 个或多个)来标记参数为可重复的,同时在使用命名路由时也需要传递一个数组,代码如下:

```
const routes = [
  // /:chapters -> 匹配 /one、/one/two、/one/two/three 等
  { path: '/:chapters+' },
```

```
// /:chapters -> 匹配 /、/one、/one/two、/one/two/three 等
{ path: '/:chapters*' },
]
// 给定 { path: '/:chapters*', name: 'chapters' }
router.resolve({ name: 'chapters', params: { chapters: [] } }).href
// 产生 /
router.resolve({ name: 'chapters', params: { chapters: ['a', 'b'] } }).href
// 产生 /a/b

// 给定 { path: '/:chapters+', name: 'chapters' }
router.resolve({ name: 'chapters', params: { chapters: [] } }).href
// 抛出错误,因为 chapters 为空
```

也可以与自定义正则表达式结合使用,通过在右括号后添加"*"(0 个或多个)或"+"(1 个或多个)将参数标记为可重复的,代码如下:

```
const routes = [
  // 仅匹配数字
  // 匹配 /1、/1/2 等
  { path: '/:chapters(\\d+)+' },
  // 匹配 /、/1、/1/2 等
  { path: '/:chapters(\\d+)*' },
]
```

3. sensitive 与 strict 路由配置

默认情况下,所有路由不区分大小写,并且可以匹配带或不带尾部斜线的路由,例如,路由/users 可以匹配 /users、/users/,甚至 /Users/。可以通过使用 strict 和 sensitive 选项来修改此行为,其中 strict 的含义是严格匹配大小写,sensitive 的含义是大小写敏感。这些选项可以应用于整个全局路由,也可以应用于当前路由,代码如下:

```
const router = createRouter({
  history: createWebHistory(),
  routes: [
    { path: '/users/:id', sensitive: true },
    { path: '/users/:id?' },
  ],
  strict: true
})
```

4. 可选参数

开发者可以使用"?"(表示 0 个或 1 个)修饰符将参数标记为可选,"*"在技术上也标志着参数是可选的,但是"?"参数不能重复。代码如下:

```
const routes = [
  { path: '/users/:userId?' },
  { path: '/users/:userId(\\d+)?' },
]
```

7.3　路由进阶使用

7.3.1　嵌套路由

实际应用中的界面通常由多个嵌套的组件组成,URL 中的动态路径也按照一定的结构

对应嵌套的组件层次结构,路由结构如图 7.2 所示。

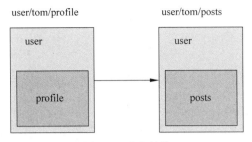

图 7.2 路由结构

通过 vue-router 的嵌套路由配置,可以简单地表示出应用程序中的多层嵌套组件关系,
代码如下:

```
< div id = "app">
  < router - view ></router - view >
</div >
const User = {
  template: '< div > User {{ $route.params.id }}</div >',
}


// 这些都会传递给 createRouter
const routes = [{ path: '/user/:id', component: User }]
```

这里的＜router-view＞是一个顶层的 router-view,用来渲染顶层路由匹配的组件。一
个被渲染的组件也可以嵌套＜router-view＞,例如在 User 组件的模板内添加一个＜router-
view＞,将组件渲染到嵌套的 router-view 中,并在路由中配置子路由（children）的代码
如下:

```
const User = {
  template: '
    < div class = "user">
      < h2 > User {{ $route.params.id }}</h2 >
      < router - view ></router - view >
    </div >
  ',
}
const routes = [
  {
    path: '/user/:id',
    component: User,
    children: [
      {
        // 当 /user/:id/profile 匹配成功
        // UserProfile 将被渲染到 User 的 < router - view > 内部
        path: 'profile',
        component: UserProfile,
      },
      {
        // 当 /user/:id/posts 匹配成功
```

```
      // UserPosts 将被渲染到 User 的 <router-view> 内部
      path: 'posts',
      component: UserPosts,
    },
  ],
  },
]
```

以"/"开头的嵌套路径被视为根路径，这允许开发者利用组件嵌套，而无须使用嵌套的URL。children 配置就像 routes 一样，是另一个路由数组，可以根据需要不断地嵌套视图。根据上面的配置，当访问 /user/eduardo 时，User 的 router-view 中没有匹配到嵌套路由，因此不会呈现任何内容。如果确实想要渲染一些内容，可以提供一个空的嵌套路径，代码如下：

```
const routes = [
  {
    path: '/user/:id',
    component: User,
    children: [
      // 当 /user/:id 匹配成功
      // UserHome 将被渲染到 User 的 <router-view> 内部
      { path: '', component: UserHome },

      // 其他子路由
    ],
  },
]
```

7.3.2　编程式导航

除了使用 <router-link> 创建 a 标签来定义导航链接外，还可以通过调用 router 实例的各种函数编写代码来实现导航。

1. router.push()函数

如果想要导航到不同的 URL，可以使用 router.push() 函数。该函数会向 history 栈添加一个新的记录，因此当用户单击浏览器后退按钮时，会回到之前的 URL。实际上，当单击 <router-link> 时，内部会调用这个函数，因此，单击 <router-link :to="..."> 相当于调用 router.push(...)，函数参数可以是一个字符串路径或者一个描述地址的对象，代码如下：

```
// 字符串路径
router.push('/users/eduardo')

// 带有路径的对象
router.push({ path: '/users/eduardo' })

// 命名的路由，并加上参数，让路由建立 URL
router.push({ name: 'user', params: { username: 'eduardo' } })

// 带查询参数，结果是 /register?plan=private
```

```
router.push({ path: '/register', query: { plan: 'private' } })
```

```
// 带 hash,结果是 /about#team
router.push({ path: '/about', hash: '#team' })
```

2. router.replace()函数

router.replace()函数的作用类似于 router.push()函数,不同的是 router.replace()函数导航时不会向 history 添加新记录,而是替换当前条目。也可以直接在传递给 router.push()函数的 routeLocation 对象中添加一个 replace 属性,并将其值设置为 true,这样就可以实现替换导航的效果,代码如下:

```
router.push({ path: '/home', replace: true })
// 相当于 router.replace({ path: '/home' })
```

3. router.go()函数

该函数采用一个整数作为参数,表示在历史堆栈中前进或后退多少步,类似于 window.history.go(n),代码如下:

```
// 向前移动一条记录,与 router.forward()函数相同
router.go(1)
```

```
// 返回一条记录,与 router.back()函数相同
router.go(-1)
```

```
// 前进 3 条记录
router.go(3)
```

```
// 如果没有那么多记录,则静默失败
router.go(-100)
router.go(100)
```

7.3.3　命名路由

有时候通过一个名称来标识一个路由更加方便,特别是在链接一个路由或执行一些跳转时。在创建 Router 实例并配置 routes 时,可以为某个路由设置名称,要链接到一个命名路由,可以给 router-link 的 to 属性传一个对象,代码如下:

```
const router = new VueRouter({
  routes: [
    {
      path: '/user/:userId',
      name: 'user',
      component: User
    }
  ]
})
<router-link :to="{ name: 'user', params: { userId: 123 }}">User</router-link>
```

7.3.4　命名视图

有时候需要同时展示多个同级视图,而不是嵌套视图,例如创建一个布局,有 sidebar

（侧导航）和 main（主内容）两个视图，这时可以使用命名视图。开发者可以在界面中拥有多个单独命名的视图，而不是只有一个默认的 router-view，如果没有为 router-view 设置名称，则默认名称为 default，代码如下：

```
< router - view class = "view one"></ router - view >
< router - view class = "view two" name = "a"></ router - view >
< router - view class = "view three" name = "b"></ router - view >
```

每个视图都需要一个组件进行渲染，因此在同一个路由中，如果要使用多个视图，就需要提供对应数量的组件，在配置路由时，务必确保正确地使用 components 配置项，代码如下：

```
const router = new VueRouter({
  routes: [
    {
      path: '/',
      components: {
        default: Foo,
        a: Bar,
        b: Baz
      }
    }
  ]
})
```

7.3.5　重定向与别名

1. 重定向

重定向也可以在 routes 配置中完成。重定向的目标可以是一个命名路由，甚至是一个函数，动态返回重定向目标，代码如下：

```
const routes = [{ path: '/home', redirect: '/' }]
const routes = [{ path: '/home', redirect: { name: 'homepage' } }]
const routes = [
  {
    // /search/screens - > /search?q = screens
    path: '/search/:searchText',
    redirect: to = > {
      // 函数接收目标路由作为参数
      // return 重定向的字符串路径/路径对象
      return { path: '/search', query: { q: to. params. searchText } }
    },
  },
  {
    path: '/search',
    // ...
  },
]
```

注意，导航守卫并不适用于跳转路由，而只适用于目标路由。在编写重定向时，可以省略 components 配置，由于该路由从未被直接访问过，因此没有组件需要渲染。唯一的例外是嵌套路由,如果一个路由记录同时拥有 children 属性和 redirect 属性,则它也应该有 components 属性。

2. 相对重定向

示例代码如下:

```
const routes = [
  {
    // 将总是把/users/123/posts 重定向到/users/123/profile
    path: '/users/:id/posts',
    redirect: to => {
      // 该函数接收目标路由作为参数
      return 'profile'
    },
  },
]
```

3. 别名

重定向是指当用户访问/home 时,URL 会被替换为/,从而匹配到/路由。而将/别名为/home,意味着当用户访问/home 时,URL 仍然是/home,但会被匹配为用户正在访问/路由,对应的路由配置如下:

```
const routes = [{ path: '/', component: Homepage, alias: '/home' }]
```

通过使用别名,可以自由地将 UI 结构映射到任意 URL,而不受嵌套结构的配置限制,可以使用以/开头的别名,将嵌套路径中的路径作为绝对路径,甚至可以将它们组合在一起,使用一个数组提供多个别名,代码如下:

```
const routes = [
  {
    path: '/users',
    component: UsersLayout,
    children: [
      // 为这 3 个 URL 呈现 UserList
      // - /users
      // - /users/list
      // - /people
      { path: '', component: UserList, alias: ['/people', 'list'] },
    ],
  },
]
```

如果路由有参数要在别名中包含它们,代码如下:

```
const routes = [
  {
    path: '/users/:id',
    component: UsersByIdLayout,
    children: [
      // 为这 3 个 URL 呈现 UserDetails
      // - /users/24
      // - /users/24/profile
```

```
    // - /24
    { path: 'profile', component: UserDetails, alias: ['/:id', ''] },
  ],
},
]
```

7.3.6　路由组件参数传递

在组件中使用 $route 会与路由紧密耦合，这会限制组件的灵活性，可以通过 props 配置来解耦，这允许在任何地方使用该组件，使该组件更容易重用和测试，代码如下：

```
const User = {
  template: '< div > User {{ $route.params.id }}</div >'
}
const routes = [{ path: '/user/:id', component: User }]
const User = {
  // 确保添加一个与路由参数完全相同的属性名
  props: ['id'],
  template: '< div > User {{ id }}</div >'
}
const routes = [{ path: '/user/:id', component: User, props: true }]
```

props 配置有以下 4 种模式。

1. 布尔模式

当 props 设置为 true 时，route.params 将被设置为组件的 props。

2. 命名视图模式

对于有命名视图的路由，必须为每个命名视图定义 props 配置，代码如下：

```
const routes = [
  {
    path: '/user/:id',
    components: { default: User, sidebar: Sidebar },
    props: { default: true, sidebar: false }
  }
]
```

3. 对象模式

当 props 是一个对象时，将被设置为组件 props，在 props 是静态的时候有用，代码如下：

```
const routes = [
  {
    path: '/promotion/from - newsletter',
    component: Promotion,
    props: { newsletterPopup: false }
  }
]
```

4. 函数模式

创建一个返回 props 的函数，将参数转换为其他类型，将静态值与基于路由的值相结合，代码如下：

```
const routes = [
  {
    path: '/search',
    component: SearchUser,
    props: route => ({ query: route.query.q })
  }
]
```

需要尽量确保 props 函数是无状态的,因为它只会在路由发生变化时起作用,如需使用状态来定义 props,则使用包装组件才可以对状态变化做出反应。

7.4 history 模式

Vue Router 默认使用 hash 模式,即使用 URL 的 hash 模式来模拟完整的 URL,这样在 URL 变化时,页面不会重新加载。hash 模式不太美观,可以使用路由的 history 模式,该模式利用 history.pushState API 来完成 URL 跳转,而无须重新加载页面,代码如下:

```
const router = new VueRouter({
  mode: 'history',
  routes: [...]
})
```

在使用 history 模式时,URL 的形式会和正常的 URL 相同,例如 http://yoursite.com/user/id 看起来更加美观,但是要使用这种模式,还需要在后台进行相应的配置支持。由于应用是单页面客户端应用,因此如果后台没有正确的配置,当用户在浏览器中直接访问 http://yoursite.com/user/id 时,就会返回 404 错误。为了解决这个问题,需要在服务器端增加一个覆盖所有情况的候选资源,如果 URL 匹配不到任何静态资源,那么就返回同一个 index.html 页面,该页面就是应用依赖的页面,这样就能保证用户在访问任何 URL 时都能正确地得到应用程序的响应。

7.4.1 HTML 5 History API

DOM 中的 window 对象通过 history 对象提供了对浏览器历史的访问,它暴露了很多有用的函数和属性,允许开发者在用户浏览历史中向前和向后跳转,从 HTML 5 开始,还提供了对 history 栈中内容的操作。

1. 在 history 中跳转

可以使用 back()函数、forward()函数和 go()函数在用户历史记录中向后和向前跳转,代码如下:

```
// 在 history 中向后跳转
window.history.back();
window.history.go(-1);

// 向前跳转
window.history.forward();
window.history.go(1);
```

```
// 当前页
window.history.go(0);
```

2. pushState()函数和 replaceState()函数

HTML 5 引入了 pushState()函数和 replaceState()函数，可以分别添加和修改历史记录条目，这些函数通常与 window.onpopstate 事件配合使用。下面分别介绍这两个函数。

1) pushState()函数

使用 pushState()函数可以改变引用页（referrer），当用户发送 XMLHttpRequest 请求时，referrer 将在 HTTP 头部使用，改变状态后，创建的 XMLHttpRequest 对象的 referrer 也将被更改。

pushState()函数需要三个参数：一个状态对象、一个标题（目前被忽略）和一个 URL（可选的）。状态对象 state 是一个 JavaScript 对象，通过 pushState()函数创建新的记录条目。无论什么时候用户导航到新的状态，popstate 事件都会被触发，且该事件的 state 属性包含该历史记录条目状态对象的副本。状态对象可以是能被序列化的任何东西。原因在于 Firefox 浏览器将状态对象保存在用户的磁盘上，以便用户重启浏览器时使用，作者规定了状态对象在序列化表示后有 640KB 的大小限制。如果给 pushState()函数传了一个序列化后大于 640KB 的状态对象，该函数会抛出异常。如果需要更大的空间，建议使用 sessionStorage 或 localStorage。

URL 参数定义了新的历史 URL 记录，调用 pushState()函数后浏览器并不会立即加载这个 URL，但可能会在稍后某些情况下加载这个 URL，如在用户重新打开浏览器时。如果新 URL 是相对路径，那么它将被作为相对于当前 URL 的路径处理，新 URL 必须与当前 URL 同源，否则 pushState()函数会抛出一个异常。该参数是可选的，缺省为当前 URL。

在某种意义上，调用 pushState()函数与设置 widnow.location='#foo'类似，二者都会在当前页面创建并激活新的记录。但是 pushState()函数有以下 4 条优点。

（1）新的 URL 可以是与当前 URL 同源的任意 URL，而设置 window.location 时，仅当只修改 hash 值时才保持同一个 document。

（2）可以不必改变 URL 而设置 window.location='#foo'，在当前 hash 值不是 #foo 的情况下，仅新建了一个新的记录选项。

（3）可以为新的记录项关联任意数据，而基于 hash 值的方式，则必须将所有相关数据编码到一个短字符串里。

（4）如果标题在之后会被浏览器用到，那么这个数据是可以被使用的（hash 模式则不能）。

pushState()函数绝对不会触发 hashchange 事件，即使新的 URL 与旧的 URL 仅 hash 值不同也不会触发。

2) replaceState()函数

replaceState()函数的使用与 pushState()函数非常相似，区别在于 replaceState()函数修改了当前的历史记录项而不是新建一个浏览历史记录。replaceState()函数的使用场景是为了响应用户操作，想要更新状态对象 state 或者当前历史记录的 URL。每当活动历史记录项发生变化时，popstate 事件会被传递给 window 对象。如果当前活动的历史记录项是由 pushState()函数创建的,或者是由 replaceState()函数改变的,那么 popstate 事件的状态属性 state 会包含一个当前历史记录状态对象的副本。

7.4.2　后端配置

如果需要将项目部署在一个子目录下,应该使用 Vue CLI 中的 publicPath 选项及相关的路由器基础属性,然后调整 Web 服务器根目录将其替换为子目录(例如用 RewriteBase /name-of-your-subfolder/ 替换 RewriteBase /),代码如下:

```
# Apache 配置代码
< IfModule mod_rewrite.c >
  RewriteEngine On
  RewriteBase /
  RewriteRule ^ index\.html $ - [L]
  RewriteCond %{REQUEST_FILENAME} !-f
  RewriteCond %{REQUEST_FILENAME} !-d
  RewriteRule . /index.html [L]
</IfModule>

# Nginx 配置代码
location / {
  try_files $uri $uri                // index.html;
}
```

Node.js 中的路由功能代码如下:

```
const http = require('http')
const fs = require('fs')
const httpPort = 80

http.createServer((req, res) => {
  fs.readFile('index.html', 'utf-8', (err, content) => {
    if (err) {
      console.log('We cannot open "index.html" file.')
    }

    res.writeHead(200, {
      'Content-Type': 'text/html; charset=utf-8'
    })

    res.end(content)
  })
}).listen(httpPort, () => {
  console.log('Server listening on: http://localhost:%s', httpPort)
})
```

在 Node.js/Express 中,建议使用 connect-history-api-fallback 中间件,它会将所有路径返回 index.html 文件,但这可能会导致某些情况下无法访问到正确的页面,因此在 Vue 3 应用程序中,建议处理所有可能的路由情况,然后再提供一个 404 页面以避免此类情况,代码如下:

```
const router = new VueRouter({
```

```
    mode: 'history',
    routes: [
      { path: '*', component: NotFoundComponent }
    ]
})
```

7.5 导航守卫

Vue Router 提供了导航守卫用于保护导航，它可以通过跳转或取消的方式进行。导航守卫有多种类型可以插入路由导航过程中，包括全局守卫、路由独享守卫和组件内守卫。

7.5.1 全局守卫

开发者可以使用 router.beforeEach 注册一个全局前置守卫函数，代码如下：

```
const router = new VueRouter({ ... })

router.beforeEach((to, from, next) => {
  // ...
})
```

当一个导航被触发时，全局前置守卫函数按照创建顺序调用。守卫函数是异步解析执行的，此时导航在所有守卫函数执行完之前一直处于等待中，每个守卫函数接收以下 3 个参数。

（1）to：Route 对象，即将要进入的目标路由对象。

（2）from：Route 对象，当前导航正要离开的路由对象。

（3）next：Function 函数，必须调用该函数来通知守卫函数执行完毕，执行效果依赖 next()函数的调用参数。

也可以注册全局后置守卫函数，该函数不会接受 next()函数，也不会改变导航本身，代码如下：

```
router.afterEach((to, from) => {
  // ...
})
```

7.5.2 路由独享守卫

可以在路由配置上直接定义 beforeEnter 守卫，代码如下：

```
const router = new VueRouter({
  routes: [
    {
      path: '/foo',
      component: Foo,
      beforeEnter: (to, from, next) => {
        // ...
      }
    }
  ]
})
```

7.5.3　组件内守卫

可以在路由组件内直接定义以下 3 个路由导航守卫。

（1）beforeRouteEnter。

（2）beforeRouteUpdate。

（3）beforeRouteLeave。

示例代码如下：

```
const Foo = {
  template: '...',
  beforeRouteEnter(to, from, next) {
   // 渲染该组件前调用
     },
  beforeRouteUpdate(to, from, next) {
   // 当前路由改变且组件被复用时调用
  },
  beforeRouteLeave(to, from, next) {
   // 导航离开组件路由时调用
  }
}
```

7.5.4　导航解析流程

下面是完整的导航解析流程，包括 12 个步骤。

（1）导航被触发。

（2）在失活的组件里调用 beforeRouteLeave 守卫。

（3）调用全局的 beforeEach 守卫。

（4）在重用的组件里调用 beforeRouteUpdate 守卫（需 vue-router 2.2 以上版本）。

（5）在路由配置里调用 beforeEnter 守卫。

（6）解析异步路由组件。

（7）在被激活的组件里调用 beforeRouteEnter 守卫。

（8）调用全局的 beforeResolve 守卫（需 vue-router 2.5 以上版本）。

（9）导航被确认。

（10）调用全局的 afterEach()钩子函数。

（11）触发 DOM 树结构更新。

（12）调用 beforeRouteEnter 守卫中传递给 next 的回调函数，已创建好的组件实例会作为回调函数的参数传递。

7.6　路由元信息

定义路由的时候可以配置 meta 字段，代码如下：

```
const router = new VueRouter({
  routes: [
```

```
      {
        path: '/foo',
        component: Foo,
        children: [
          {
            path: 'bar',
            component: Bar,
            // 元信息
            meta: { requiresAuth: true }
          }
        ]
      }
    ]
  })
```

以下代码展示了如何在全局导航守卫中检查元信息：

```
router.beforeEach((to, from, next) => {
  if (to.matched.some(record => record.meta.requiresAuth)) {
    // 判断是否已经登录
    // 如果没有登录，则跳转到登录页面
    if (!auth.loggedIn()) {
      next({
        path: '/login',
        query: { redirect: to.fullPath }
      })
    } else {
      next()
    }
  } else {
    next()                              // 确保一定要调用 next()函数
  }
})
```

7.7   过渡动效

<router-view>是基本的动态组件，可以用 <transition> 组件给它添加一些过渡效果，代码如下：

```
<transition>
  <router-view></router-view>
</transition>
```

7.7.1   单路由过渡

如果想让每个路由组件有不同的过渡效果，可以在各个路由组件内部使用< transition >标签，并设置不同的 name，代码如下：

```
const Foo = {
  template: '
```

```
< transition name = "slide">
  < div class = "foo">...</div>
</transition>
'
}
const Bar = {
  template: '
    < transition name = "fade">
      < div class = "bar">...</div>
    </transition >
  '
}
```

或者采用下面这种方式：

```
const routes = [
  {
    path: '/custom - transition',
    component: PanelLeft,
    meta: { transition: 'slide - left'},
  },
  {
    path: '/other - transition',
    component: PanelRight,
    meta: { transition: 'slide - right'},
  }
]
< router - view v - slot = "{ Component, route }">
  <!-- 使用任何自定义过渡和回退到 'fade' -->
  < transition :name = "route.meta.transition || 'fade'">
    < component :is = "Component" />
  </transition >
</router - view >
```

7.7.2　路由动态过渡

基于当前路由与目标路由的变化关系,动态设置过渡效果,代码如下：

```
<!-- 使用动态的 transition name -->
< transition :name = "transitionName">
  < router - view ></router - view >
</transition >
// 在父组件内使用 $route 规则决定使用哪种过渡
watch: {
  '$route'(to, from) {
    const toDepth = to.path.split('/').length
    const fromDepth = from.path.split('/').length
    this.transitionName = toDepth < fromDepth ? 'slide - right' : 'slide - left'
  }
}
```

7.8　数据获取

有时在进入某个路由之后需要从服务器获取数据,如在渲染用户信息时需要从服务器获取用户的数据,主要有以下两种方法。

1. 导航完成后获取数据

使用该方式,系统会立即进行导航和组件渲染,并在组件的 created() 钩子函数中获取数据,这使得开发人员有机会在数据获取期间展示加载状态,并可以在不同的视图中显示不同的加载状态。假设有一个"文章(post)"组件,需要基于 $route. params. id 获取文章数据,代码如下:

```html
<template>
  <div class = "post">
    <div v - if = "loading" class = "loading">
      Loading...
    </div>

    <div v - if = "error" class = "error">
      {{ error }}
    </div>

    <div v - if = "post" class = "content">
      <h2>{{ post.title }}</h2>
      <p>{{ post.body }}</p>
    </div>
  </div>
</template>
<script>
export default {
  data () {
    return {
      loading: false,
      post: null,
      error: null
    }
  },
  created () {
    // 组件创建完后获取数据
    this.fetchData()
  },
  watch: {
    // 如果路由有变化,则会再次执行该函数
    '$route': 'fetchData'
  },
  methods: {
    fetchData () {
      this.error = this.post = null
      this.loading = true
```

```
// 请自行替换 getPost()函数中获取数据的方式
    getPost(this. $route. params. id, (err, post) = > {
      this. loading = false
      if (err) {
        this. error = err. toString()
      } else {
        this. post = post
      }
    })
  }
}
}
</script>
```

2. 在导航完成前获取数据

采用这种方式,可以在导航进入新路由之前获取数据,开发人员可以在接下来的组件的 beforeRouteEnter 守卫中获取数据,当数据获取成功后只需调用 next()函数即可,代码如下:

```
export default {
  data () {
    return {
      post: null,
      error: null
    }
  },
  beforeRouteEnter (to, from, next) {
    getPost(to. params. id, (err, post) = > {
      next(vm = > vm. setData(err, post))
    })
  },
  // 路由改变前,组件就已经渲染完毕
  beforeRouteUpdate (to, from, next) {
    this. post = null
    getPost(to. params. id, (err, post) = > {
      this. setData(err, post)
      next()
    })
  },
  methods: {
    setData (err, post) {
      if (err) {
        this. error = err. toString()
      } else {
        this. post = post
      }
    }
  }
}
```

7.9　路由懒加载

在打包构建应用时，JavaScript 包的体积会变得非常大，进而影响页面加载速度。为了提高应用性能，建议将不同路由对应的组件分割成不同的代码块，并在路由被访问时才加载对应的组件，从而达到更加高效的效果。通过结合 Vue 3 的异步组件和 webpack 的代码分割功能，实现路由组件的懒加载非常轻松。

首先，可以将异步组件定义为返回一个 Promise 对象的工厂函数，该函数返回的 Promise 对象代表了 resolve 组件本身，代码如下：

```
const Foo = () =>
  Promise.resolve({
    //组件定义对象
  })
```

其次，在 webpack 中，可以使用动态 import 语法来定义代码分块点。将这两者结合起来，即可定义一个能够被 webpack 自动分割代码的异步组件。在路由配置中，无须做任何更改，只需像往常一样使用 Foo 组件，代码如下：

```
import('./Foo.vue')                          // 返回 Promise
const Foo = () => import('./Foo.vue')
const router = new VueRouter({
  routes: [{ path: '/foo', component: Foo }]
})
```

有时开发者希望将某个路由下的所有组件打包到同一个异步代码块中，需要使用命名 chunk，即一种特殊的注释语法来提供 chunk name 即可（要求使用 webpack 2.4 以上版本），webpack 会将任何一个异步模块与相同的块名称组合到相同的异步代码块中，代码如下：

```
const Foo = () => import(/* webpackChunkName: "group-foo" */ './Foo.vue')
const Bar = () => import(/* webpackChunkName: "group-foo" */ './Bar.vue')
const Baz = () => import(/* webpackChunkName: "group-foo" */ './Baz.vue')
```

7.10　滚动行为

Vue Router 能够实现页面切换到新路由时滚动到顶部或者保持原先的滚动位置不变的效果，也可以自定义路由切换时的页面滚动行为。在创建一个 Router 实例时，可以提供一个 scrollBehavior() 函数，scrollBehavior() 函数接收 to 和 from 路由对象作为参数。第三个参数 savedPosition 仅在 popstate 导航时（即通过浏览器的前进/后退按钮触发）可用，这个函数返回一个滚动位置的对象信息，代码如下：

```
const router = new VueRouter({
  routes: [...],
  scrollBehavior (to, from, savedPosition) {
    // return 期望滚动到的位置
  }
})
```

```
{ x: number, y: number }
{ selector: string, offset? : { x: number, y: number }}
```

可以将 scrollBehavior() 函数挂载到页面级别的过渡组件事件上，以便在页面过渡时控制滚动行为，由于用户需求的多样性和复杂性，因此 Vue Router 仅提供了这个原始接口，以支持不同用户场景的具体实现。可以将 behavior 选项添加到 scrollBehavior() 函数内部返回的对象中，从而启用支持它的浏览器（opens new window)的原生平滑滚动，代码如下：

```
scrollBehavior (to, from, savedPosition) {
  if (to.hash) {
    return {
      selector: to.hash,
      behavior: 'smooth',
    }
  }
}
```

7.11 本章小结

本章详细介绍了 Vue 3 官方路由管理器 Vue Router 的使用，主要内容包括动态参数、嵌套路由、命名视图、声明式导航和编程式导航。此外还介绍了 Vue Router 中的导航守卫，给出了具体的应用案例，并探讨了 Vue Router 提供的其他相关知识，如数据获取、组合 API 函数、滚动行为、延迟加载路由、等待导航结果及动态路由等内容。

习题

1. Vue Router 如何配置重定向页面？
2. Vue Router 如何配置 404 页面？
3. Vue Router 路由有几种模式？描述它们的区别。
4. Vue Router 有哪几种导航守卫？

第 **8** 章

axios 异步请求

视频讲解

8.1 axios 基础

在实际项目中,页面所需数据通常需要从服务器端获取,这就涉及与服务器端的通信。Vue 3 官方推荐使用 axios 来完成 Ajax 请求。

8.1.1 axios 简介

axios 是一个基于 Promise 的 HTTP 库,可用于浏览器和 Node.js 环境中。它具有以下 7 个特性。

(1) 可在浏览器中创建 XMLHttpRequests 或在 Node.js 中创建 HTTP 请求。

(2) 支持 Promise API。

(3) 可拦截请求和响应。

(4) 可转换请求数据和响应数据。

(5) 可取消请求。

(6) 自动转换 JSON 数据。

(7) 客户端支持防御 xsrf 攻击。

8.1.2 安装 axios

有以下 3 种安装 axios 的方法。

(1) 使用 npm:$ npm install axios。

(2) 使用 bower:$ bower install axios。

(3) 使用 CDN:< script src="https://unpkg.com/axios/dist/axios.min.js"></script>。

在 Vue 3 的脚手架中,可以结合 vue-axios 插件一起使用 axios,该插件只是将 axios 集成到 Vue 3 的轻度封装,本身不能独立使用,可以使用以下命令一起安装 axios 和 vue-axios:

```
npm install axios vue-axios
```

安装 vue-axios 插件后,在组件内可以通过 this.axios 调用 axios 的函数来发送请求,代码如下:

```
import{createApp} from 'vue'
import axios from 'axios'
```

```
import VueAxios from 'vue - axios'
const app = createApp(App);
app.use(VueAxios, axios)                    //安装插件
app.mount('#app')
```

8.1.3　基本使用方法

HTTP 中最基本的请求是 get 请求和 post 请求,使用 axios 发送 get 请求调用代码如下:

```
// 为给定 ID 的 user 创建请求
axios.get('/user?ID = 12345')
  .then(function (response) {
    console.log(response);
  })
  .catch(function (error) {
    console.log(error);
  });

// 以下代码写法也可以
axios.get('/user', {
  params: {
    ID: 12345
  }
}).then(function (response) {
  console.log(response);
}).catch(function (error) {
  console.log(error);
});
```

get()函数接收一个 URL 作为参数,如果有需要发送的数据,则将数据以查询字符串的形式附加在 URL 后面。当服务端返回一个成功的响应(状态码为 2XX)时,就会调用 then()函数中的回调函数,可以在回调函数中对服务端的响应进行处理。如果出现错误,则会调用 catch()函数中的回调函数,可以在该函数中对错误信息进行处理并向用户显示错误信息。如果不希望通过在 URL 后附加查询参数的方式发送请求,则可以通过向 get()函数传递一个配置对象来发送请求,在配置对象中使用 params 字段来传递需要发送的数据。

post 请求是通过请求体发送数据的,因此,axios 的 post()函数比 get()函数多一个参数,该参数是一个对象,对象的属性是要发送的数据,执行 post 请求的代码如下:

```
axios.post('/user', {
  firstName: 'Fred',
  lastName: 'Flintstone'
}).then(function (response) {
  console.log(response);
}).catch(function (error) {
  console.log(error);
});
```

axios 也支持执行多个并发请求,代码如下:

```
function getUserAccount() {
  return axios.get('/user/12345');
}

function getUserPermissions() {
  return axios.get('/user/12345/permissions');
}

axios.all([getUserAccount(), getUserPermissions()])
  .then(axios.spread(function (acct, perms) {
    // 两个请求现在都执行完成
  }));
```

8.2　API 介绍

可以使用传递配置的方式创建请求，axios 的原型如下：

(1) axios(config)。

(2) axios(url[，config])。

```
// 发送 post 请求
axios({
  method: 'post',
  url: '/user/12345',
  data: {
    firstName: 'Fred',
    lastName: 'Flintstone'
  }
});
// 获取远端图片
axios({
  method:'get',
  url:'http://bit.ly/2mTM3nY',
  responseType:'stream'
}).then(function(response) {
  response.data.pipe(fs.createWriteStream('ada_lovelace.jpg'))
});
axios(url[, config])

// 发送 get 请求
axios('/user/12345');
```

axios 为所有支持的请求函数提供了别名，在使用别名函数时无须在配置中指定 url、method 和 data 属性，列举如下：

```
axios.request(config)
axios.get(url[, config])
axios.delete(url[, config])
axios.head(url[, config])
axios.options(url[, config])
axios.post(url[, data[, config]])
```

```
axios.put(url[, data[, config]])
axios.patch(url[, data[, config]])
```

axios 也提供了以下两个处理并发请求的助手函数。

(1) axios.all(iterable)。

(2) axios.spread(callback)。

同时,开发者可以使用自定义配置新建一个 axios 实例,代码如下:

```
axios.create([config])
const instance = axios.create({
  baseURL: 'https://some-domain.com/api/',
  timeout: 1000,
  headers: { 'X-Custom-Header': 'foobar' }
});
```

8.3 适配网络请求

axios 库提供了请求的配置对象,可以在该对象中设置多个选项。常用的选项包括 url、method、headers 和 params 等。以下是可用于创建请求的配置选项,其中 url 是必需的,如果没有指定 method,则请求将默认使用 get()函数。

```
{
  // url 是用于请求的服务器 URL
  url: '/user',

  // method 是创建请求时使用的函数
  method: 'get',                    // default

  // baseURL 将自动加在 url 前面,除非 url 是一个绝对 URL
  // 它可以通过设置一个 baseURL 为 axios 实例的函数传递相对 URL
  baseURL: 'https://some-domain.com/api/',

  // transformRequest 允许在向服务器发送前,修改请求数据
  // 只能用在 put、post 和 patch 这几个请求函数
  // 后面数组中的函数必须返回一个字符串、ArrayBuffer 或 Stream
  transformRequest: [function (data, headers) {
    // 对 data 进行任意转换处理
    return data;
  }],

  // transformResponse 在传递给 then/catch 前,允许修改响应数据
  transformResponse: [function (data) {
    // 对 data 进行任意转换处理
    return data;
  }],

  // headers 是即将被发送的自定义请求头
  headers: { 'X-Requested-With': 'XMLHttpRequest' },
```

```
// params 是即将与请求一起发送的 URL 参数,必须是一个无格式对象(plain object)或
URLSearchParams 对象
params: {
  ID: 12345
},

// paramsSerializer 是一个负责 params 序列化的函数
paramsSerializer: function (params) {
  return Qs.stringify(params, { arrayFormat: 'brackets' })
},

// data 是作为请求主体被发送的数据
data: {
  firstName: 'Fred'
},

// timeout 指定请求超时的毫秒数(0 表示无超时时间),如果请求超过 timeout 的时间,请求将被中断
timeout: 1000,

// withCredentials 表示跨域请求时是否需要使用凭证
withCredentials: false,                      // default

// adapter 允许自定义处理请求
adapter: function (config) {
  /* ... */
},

// auth 表示应该使用 HTTP 基础验证,并提供凭据
// 这将设置一个 Authorization 头,覆写掉现有的任意使用 headers 设置的自定义 Authorization 头
auth: {
  username: 'janedoe',
  password: 's00pers3cret'
},

// responseType 表示服务器响应的数据类型
responseType: 'json',                        // 默认值
responseEncoding: 'utf8',                    // 默认值

// xsrfCookieName 是用作 xsrf token 的值的 Cookie 的名称
xsrfCookieName: 'XSRF - TOKEN',              // 默认值

// xsrfHeaderName 是携带 xsrf 令牌值的 HTTP 标头的名称
xsrfHeaderName: 'X - XSRF - TOKEN',          // 默认值

// onUploadProgress 允许为上传处理进度事件
onUploadProgress: function (progressEvent) {
  // 此处可进行处理逻辑
},

// onDownloadProgress 允许为下载处理进度事件
onDownloadProgress: function (progressEvent) {
```

```
    // 对原生进度事件的处理
  },

  // maxContentLength 定义允许的响应内容的最大尺寸
  maxContentLength: 2000,

  // validateStatus 定义对于给定的 HTTP 响应状态码是 resolve 或 reject
  validateStatus: function (status) {
    return status >= 200 && status < 300;
  },

  // maxRedirects 定义在 Node.js 中 follow 的最大重定向数目如果设置为 0,将不会 follow 任何
  // 重定向
  maxRedirects: 5,

  // socketPath 定义了要在 Node.js 中使用的 UNIX 套接字
  socketPath: null,

  // httpAgent 和 httpsAgent 分别在 Node.js 中用于定义在执行 HTTP 和 HTTPS 时使用的自定义代
  //理.允许像这样配置选项
  // keepAlive 默认没有启用
  httpAgent: new http.Agent({ keepAlive: true }),
  httpsAgent: new https.Agent({ keepAlive: true }),

  // proxy 定义代理服务器的主机名称和端口
  // auth 表示 HTTP 基础验证应当用于连接代理,并提供凭据
  proxy: {
    host: '127.0.0.1',
    port: 9000,
    auth: {
      username: 'mikeymike',
      password: 'rapunz3l'
    }
  },

  // cancelToken 指定用于取消请求的 cancel token
  cancelToken: new CancelToken(function (cancel) {
  })
}
```

某个请求的响应包含状态码、响应头和响应数据。其中,状态码表示请求的处理状态,响应头包含了服务器端发送的附加信息,响应数据则是服务器端返回的数据,可以是各种格式,如 JSON、XML 等,响应参数列举如下:

```
{
  // data 由服务器提供的响应
  data: {},

  // status 来自服务器响应的 HTTP 状态码
  status: 200,
```

```
// statusText 来自服务器响应的 HTTP 状态信息
statusText: 'OK',

// headers 服务器响应的头
headers: {},

// config 是为请求提供的配置信息
config: {},
request: {}
}
```

当使用 then() 函数时，将会接收以下响应：

```
axios.get('/user/12345')
  .then(function (response) {
    console.log(response.data);
    console.log(response.status);
    console.log(response.statusText);
    console.log(response.headers);
    console.log(response.config);
  });
```

开发者可以指定用于所有请求的默认配置值，具体如下。

（1）全局的 axios 默认值，代码如下：

```
axios.defaults.baseURL = 'https://api.example.com';
axios.defaults.headers.common['Authorization'] = AUTH_TOKEN;
axios.defaults.headers.post['Content - Type'] = 'application/x - www - form - urlencoded';
```

（2）自定义实例默认值，代码如下：

```
// 创建实例时会创建默认配置
const instance = axios.create({
  baseURL: 'https://api.example.com'
});

// 创建实例后更改默认值
instance.defaults.headers.common['Authorization'] = AUTH_TOKEN;
```

开发者可以设置 axios 库的默认配置，这些默认配置会被应用于所有的请求。当实例化 axios 对象时，可以通过 defaults 属性进行配置，这些配置会和库的默认配置进行合并，并优先于库的默认配置。在发送请求时，可以通过 config 参数传递请求配置，这些配置将优先于库的默认配置和 defaults 属性配置。

8.4 拦截器介绍

为了在请求或响应被 then 或 catch 处理前拦截它们，可以使用 axios.interceptors 对象提供的 request 和 response 属性添加拦截器，分别用于拦截请求和响应。通过 use() 函数向拦截器链中添加拦截器，使用 eject() 函数从拦截器链中移除拦截器。拦截器可以修改请求的配置、添加自定义 headers、转换请求数据、转换响应数据等，代码如下：

```
// 添加请求拦截器
axios.interceptors.request.use(function (config) {
    // 在发送请求之前做些什么
    return config;
  }, function (error) {
    // 对请求错误做些什么
    return Promise.reject(error);
  });

// 添加响应拦截器
axios.interceptors.response.use(function (response) {
    // 对响应数据做点什么
    return response;
  }, function (error) {
    // 对响应错误做点什么
    return Promise.reject(error);
  });
```

移除拦截器代码如下：

```
const myInterceptor = axios.interceptors.request.use(function () {/* ... */});
axios.interceptors.request.eject(myInterceptor);
```

可在自定义的 axios 实例上添加请求和响应的拦截器，例如在请求发送之前添加一个请求拦截器来修改请求配置，也可在响应返回后添加一个响应拦截器来处理响应数据，代码如下：

```
const instance = axios.create();
instance.interceptors.request.use(function () {/* ... */});
axios.get('/user/12345')
  .catch(function (error) {
    if (error.response) {
      console.log(error.response.data);
      console.log(error.response.status);
      console.log(error.response.headers);
    } else if (error.request) {
      console.log(error.request);
    } else {
      console.log('Error', error.message);
    }
    console.log(error.config);
  });
```

使用取消令牌（cancel token）取消请求。axios 的取消令牌 API 基于可取消的 promise 请求，目前处于第一阶段，可以通过使用 CancelToken.source()工厂函数来创建取消令牌，代码如下：

```
const CancelToken = axios.CancelToken;
const source = CancelToken.source();

axios.get('/user/12345', {
  cancelToken: source.token
```

```
}).catch(function(thrown) {
  if (axios.isCancel(thrown)) {
    console.log('Request canceled', thrown.message);
  } else {
    // 处理错误
  }
});

axios.post('/user/12345', {
  name: 'new name'
}, {
  cancelToken: source.token
})

// 取消请求(message 参数是可选的)
source.cancel('Operation canceled by the user.');
```

图 8.1 是请求拦截器的示例效果。

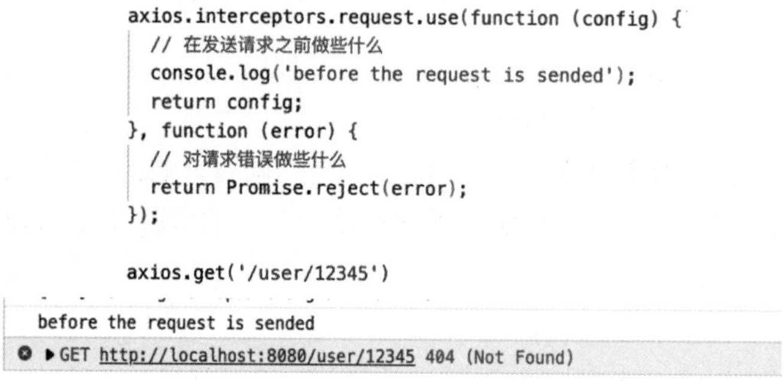

```
axios.interceptors.request.use(function (config) {
  // 在发送请求之前做些什么
  console.log('before the request is sended');
  return config;
}, function (error) {
  // 对请求错误做些什么
  return Promise.reject(error);
});

axios.get('/user/12345')
```

```
before the request is sended
⊗ ▶ GET http://localhost:8080/user/12345 404 (Not Found)
```

图 8.1　axios 拦截器效果

8.5　本章小结

　　本章详细介绍了如何使用 axios 库进行服务器端通信,虽然该库的使用并不复杂,但是需要服务器端提供数据访问接口,读者可以自行尝试使用 axios 库与服务器端进行通信。

习题

　　1. axios 为什么既能在浏览器环境运行又能在服务器(Node.js)环境运行?

　　2. axios 的特点有哪些?

　　3. 列举 axios 相关的配置属性。

第9章

Vue CLI 部署项目

在开发大型 SPA 时,需要考虑到许多与核心业务逻辑无关的事情,如项目的组织结构、构建、部署、热加载、代码单元测试等。这些工作需要不断地进行配置,非常耗费时间,影响开发效率。因此开发者会选择一些能够创建项目脚手架的工具,来帮助搭建一个项目的框架,并进行一些项目依赖的初始配置。在 Vue 3 环境中,开发者可以使用 Vue CLI 脚手架工具自动生成一个基于 Vue 3 的 SPA 的项目。

9.1 Vue CLI 的简介

9.1.1 什么是 Vue CLI

Vue CLI 是一个基于 Vue 3 快速开发的完整系统,提供以下 3 个功能。

(1) 通过@vue/cli 实现交互式项目脚手架。

(2) 通过@vue/cli + @vue/cli-service-global 实现零配置原型开发。

(3) 运行时依赖(@vue/cli-service),该依赖可升级。

Vue CLI 基于 webpack 构建,并具备合理的默认配置,可以通过项目内的配置文件进行自定义配置,也可以通过插件进行扩展。Vue CLI 致力于将 Vue 3 生态中的工具基础标准化,以确保各种构建工具能够基于智能的默认配置平稳衔接,解决配置问题。同时,它也为每个工具提供了调整配置的灵活性,无须执行 eject 操作。

Vue CLI 包含以下 3 个独立的部分,其仓库里同时管理多个单独发布的包。

(1) CLI (@vue/cli)是全局安装的 npm 包,提供了终端里的 Vue 3 命令,可以通过 vue create 命令快速搭建一个新项目,或通过 vue serve 命令构建新想法的原型,也可以通过 vue ui 命令使用图形化界面管理所有项目。

(2) CLI 服务 (@vue/cli-service)是一个开发环境依赖,它是一个 npm 包,局部安装在每个@vue/cli 创建的项目中,CLI 服务构建于 webpack 和 webpack-dev-server 之上。

(3) CLI 插件是向开发者的 Vue 3 项目提供可选功能的 npm 包,如 Babel/TypeScript 转译、ESLint 集成、单元测试和 end-to-end 测试等。Vue CLI 插件的名字以 @ vue/cli-plugin-(内建插件)或 vue-cli-plugin-(社区插件)开头,非常易于使用。当在项目内部运行 vue-cli-service 命令时,会自动解析并加载 package.json 中列出的所有 CLI 插件。插件可以作为项目创建过程的一部分,或者在后期加入项目中。

9.1.2　安装 Vue CLI

可以在命令行中使用以下命令进行安装：

```
npm install - g @vue/cli
```

或者：

```
yarn global add @vue/cli
```

安装完成后，可以在命令行中访问 Vue 3 命令，观察是否展示出了所有可用命令的帮助信息，来验证是否安装成功。使用以下命令检查 Vue 3 的版本是否正确：

```
vue -- version
```

如果需要升级全局的 Vue CLI 包，则运行以下命令：

```
npm update - g @vue/cli
```

或者：

```
yarn global upgrade -- latest @vue/cli
```

需要注意的是，上述命令是用于升级全局的 Vue CLI。如需升级项目中的 Vue CLI 相关模块（以 @vue/cli-plugin- 或 vue-cli-plugin- 开头），则在项目目录下运行以下命令：

```
upgrade [options] [plugin - name]
```

该命令可以升级 Vue CLI 服务及插件，选项包括以下 6 种。

（1）-t、--to < version >。升级 < plugin-name > 到指定的版本。

（2）-f、--from < version >。跳过本地版本检测，默认插件是从此处指定的版本升级上来的。

（3）-r、--registry < url >。使用指定的 registry 地址安装依赖。

（4）--all。升级所有的插件。

（5）--next。检查插件新版本时，包括 alpha/beta/rc 版本在内。

（6）-h、--help。输出帮助内容。

9.1.3　创建 Hello World 项目

开发者可以使用 vue serve 和 vue build 命令对单个 *.vue 文件进行快速原型开发，但这需要先额外安装一个全局的扩展，命令如下：

```
npm install - g @vue/cli - service - global
```

然而，vue serve 的缺点在于它需要安装全局依赖，导致在不同机器上的一致性无法保证，因此只适用于快速原型开发。

vue serve 命令用法如下：

```
serve [options] [entry]
```

在开发环境模式下，零配置为 .js 或 .vue 文件启动一个服务器，选项包括以下 3 种：

（1）-o、--open。打开浏览器。

（2）-c、--copy。将本地 URL 复制到剪切板。

（3）-h、--help。输出用法信息。

所需要的是一个 App.vue 文件：

```
<template>
  <h1>Hello!</h1>
</template>
```

然后，在 App.vue 文件所在的目录下运行 vue serve 命令。vue serve 命令使用了和使用 vue create 命令创建项目时相同的默认设置（包括 webpack、Babel、PostCSS 和 ESLint）。它会自动推导入口文件，可以是 main.js、index.js、App.vue 或 app.vue 中的一个。当然，也可以明确指定入口文件，命令如下：

```
vue serve MyComponent.vue
```

如果需要的话，还可以提供 index.html 和 package.json 文件，安装并使用本地依赖，甚至可以通过相应的配置文件进行配置 Babel、PostCSS 和 ESLint 等。

vue build 命令用法如下：

```
build [options] [entry]
```

在生产环境模式下，零配置构建一个 .js 或 .vue 文件，选项包括以下 4 种：

（1）-t、--target <target>。构建目标 app｜lib｜wc｜wc-async，默认值为 app。

（2）-n、--name <name>。库的名字或 Web Components 组件的名字，默认值为入口文件名。

（3）-d、--dest <dir>。输出目录，默认值为 dist。

（4）-h、--help。输出用法信息。

也可以使用 vue build 将目标文件构建成一个生产环境的包并用来部署，命令如下：

```
vue build MyComponent.vue
```

vue build 也提供了将组件构建成为一个库或一个 Web Components 组件的能力。

vue create 创建一个新项目的命令方法如下：

```
vue create hello-world
```

如果在 Windows 系统上使用 minTTY 和 Git Bash，那么交互式提示符可能无法正常工作。这时，需要通过运行 winpty vue.cmd create hello-world 启动该命令。如果希望继续使用 vue create hello-world 命令，则在 ~/.bashrc 文件中添加以下行为命令创建别名：alias vue='winpty vue.cmd'。为了使更新后的 bashrc 文件生效，需要重新启动 Git Bash 终端会话。在运行 vue create hello-world 命令时，需要选择一个预设选项。可以选择默认预设，其中包含基本的 Babel ＋ ESLint 设置，或者通过"手动选择特性"选择所需的特性。

vue create 命令有一些可选项，可以通过运行以下命令进行探索：

```
vue create - help
```

创建一个由 vue-cli-service 提供支持的新项目的命令如下：

```
create [options] <app-name>
```

选项包括以下 12 种：

（1）-p、--preset <presetName>。忽略提示符并使用已保存的或远程的预设选项。

（2）-d、--default。忽略提示符并使用默认预设选项。

（3）-i、--inlinePreset＜json＞。忽略提示符并使用内联的 JSON 字符串预设选项。

（4）-m、--packageManager＜command＞。在安装依赖时使用指定的 npm 客户端。

（5）-r、--registry＜url＞。在安装依赖时使用指定的 npm registry。

（6）-g、--git［message］。强制/跳过 git 初始化，并可选地指定初始化提交信息。

（7）-n、--no-git。跳过 git 初始化。

（8）-f、--force。覆写目标目录可能存在的配置。

（9）-c、--clone。使用 git clone 命令获取远程预设选项。

（10）-x、--proxy。使用指定的代理创建项目。

（11）-b、--bare。创建项目时省略默认组件中的新手指导信息。

（12）-h、--help。输出使用帮助信息。

开发者也可以通过 vue ui 命令以图形化界面创建并管理项目，该命令会打开一个浏览器窗口，并以图形化界面引导至项目创建的流程。

9.1.4　了解 Vue CLI 项目结构

下面展示生成的 Vue CLI 项目结构。在命令行中执行 vue create hello-world，选择 Vue 3→npm，系统会自动执行依赖安装过程，打开生成好的 hello-word 项目文件夹，可以看到最终生成的项目结构如图 9.1 所示。其中，node_modules 目录用于存放项目的所有第三方依赖；public 目录用于存放基础模板和一些资源文件，如 favicon. ico 文件和 index. html 文件等；src 目录用于存放项目的主体代码，包括静态资源、入口文件和自定义组件等；在 hello-world 目录中还存在配置文件，如 package.json 文件和 babel. config. js 文件等。

图 9.1　Vue CLI 项目结构

9.2　webpack 概述

9.2.1　了解 webpack

webpack 是一种用于编译代码的工具，它具有入口、出口、loader 和插件等特性，是用于现代 JavaScript 应用程序的静态模块打包工具。在 webpack 处理应用程序时，会构建一个内部的依赖图（dependency graph），此依赖图映射到项目所需的每个模块，并生成一个或多个打包文件（bundle）。

9.2.2　配置 webpack

调整 webpack 配置最简单的方式是在 vue.config.js 文件中的 configureWebpack 选项中创建一个 configureWebpack 对象，代码如下：

```
// vue.config.js
module.exports = {
  configureWebpack: {
    plugins: [
      new MyAwesomeWebpackPlugin()
    ]
  }
}
```

configureWebpack 对象会被 webpack-merge 库合并到最终的 webpack 配置中。需要注意的是，一些 webpack 选项是基于 vue.config.js 中的值设置的，不能直接修改这些选项。例如，应该修改 vue.config.js 中的 outputDir 选项而不是修改 output.path 选项，应该修改 vue.config.js 中的 publicPath 选项而不是修改 output.publicPath 选项。这是因为 vue.config.js 中的值会在配置的多个地方使用，确保所有部分都能够协同工作。如果需要基于环境条件配置行为，或者想要直接修改配置，则需要将 configureWebpack 选项修改为函数。这个函数会在环境变量设置后懒执行，第一个参数接收已经解析好的配置，可以在函数内部直接修改配置或返回一个将要合并的对象，代码如下：

```
// vue.config.js
module.exports = {
  configureWebpack: config => {
    if (process.env.NODE_ENV === 'production') {
      // 为生产环境修改配置
    } else {
      // 为开发环境修改配置
    }
  }
}
```

1. 链式操作

Vue CLI 使用 webpack-chain 来维护内部的 webpack 配置，提供了一个对 webpack 原始配置的上层抽象，使它可以定义具名的 loader 规则和插件，并有机会在后期进入这些规则和对它们的选项进行修改。

通过在 vue.config.js 中的 chainWebpack 选项提供一个函数，可以更细粒度地控制其内部配置。下面是一些常见的在 vue.config.js 中使用 chainWebpack 选项进行修改的例子。使用 vue inspect 命令可以链式访问特定的 loader，代码如下：

```
// 修改 loader 选项
// vue.config.js
module.exports = {
  chainWebpack: config => {
    config.module
      .rule('vue')
      .use('vue - loader')
        .tap(options => {
                  return options
        })
    }
  }
```

对于 CSS 相关的 loader，推荐使用 css.loaderOptions 选项进行配置，而不是直接使用链式语法指定 loader，因为每种 CSS 文件类型都有多个规则，而 css.loaderOptions 选项可以确保通过一个地方影响所有的规则，代码如下：

```
// 添加一个新的 loader
// vue.config.js
module.exports = {
  chainWebpack: config => {
    // GraphQL loader
    config.module
      .rule('graphql')
      .test(/\.graphql $/)
      .use('graphql - tag/loader')
        .loader('graphql - tag/loader')
        .end()
      // 也可再添加一个 loader
      .use('other - loader')
        .loader('other - loader')
        .end()
    }
  }
```

2. 替换一个规则里的 loader

如果想要替换一个已有的基础 loader，例如内联的 SVG 文件使用 vue-svg-loader 而不是加载这个文件，可以使用 chainWebpack() 函数修改 webpack 配置，代码如下：

```
// vue.config.js
module.exports = {
  chainWebpack: config => {
    const svgRule = config.module.rule('svg')
```

```
    // 清除已有的所有 loader
    svgRule.uses.clear()

    // 添加要替换的 loader
    svgRule
      .use('vue - svg - loader')
        .loader('vue - svg - loader')
  }
}
//修改插件选项
// vue.config.js
module.exports = {
  chainWebpack: config = > {
    config
      .plugin('html')
      .tap(args = > {
        return [/ * 传递给 html - webpack - plugin's 构造函数的新参数 * /]
      })
  }
}
```

开发者需要熟悉 webpack-chain 的 API,并且阅读一些源代码,了解如何最大程度地利用这个选项。与直接修改 webpack 配置相比,该选项具有更强的表达能力,也更为安全。如想要将 index.html 默认的路径从 /Users/username/proj/public/index.html 改为 /Users/username/proj/app/templates/index.html,可以通过参考 html-webpack-plugin 提供的选项列表,传入一个新的模板路径来更改,代码如下:

```
// vue.config.js
module.exports = {
  chainWebpack: config = > {
    config
      .plugin('html')
      .tap(args = > {
        args[0].template = '/Users/username/proj/app/templates/index.html'
        return args
      })
  }
}
```

3. 审查项目的 webpack 配置

由于 @vue/cli-service 对 webpack 配置进行了抽象化,因此理解配置包含的内容可能比较困难,特别是对其进行自定义调整时。Vue CLI 提供了 inspect 命令来检查解析好的 webpack 配置。该命令可以通过全局 Vue 3 可执行程序来执行,会将解析出的 webpack 配置,包括链式访问规则和插件提示打印到 stdout。可以将其输出重定向到文件以供查看,如 vue inspect > output.js,相关命令如下:

```
# 只审查第一条规则
vue inspect module.rules.0
# 或者指向一个规则或插件的名字
```

```
vue inspect -- rule vue
vue inspect -- plugin html
♯最后,可以列出所有规则和插件的名字
vue inspect -- rules
vue inspect -- plugins
```

4．以一个文件的方式使用解析好的配置

有些外部工具可能需要访问解析好的 webpack 配置,如需要提供 webpack 配置路径的 IDE 或 CLI,在这种情况下可以使用路径< projectRoot >/node_modules/@vue/cli-service/ webpack.config.js。这个文件可以动态解析并输出与 vue-cli-service 命令使用的相同的 webpack 配置,该配置内容包含插件和自定义配置。

9.3　构建与部署 Vue CLI 项目

1．构建目标

当运行 vue-cli-service build 时,可以通过 --target 选项指定不同的构建目标,以允许将相同的源代码根据不同的用例生成不同的构建。

应用模式的默认模式有以下 4 个特点。

（1）index.html 带有注入的资源和 resource hint。

（2）第三方库被分到一个独立包以便更好地缓存。

（3）小于 4KB 的静态资源被内联在 JavaScript 中。

（4）public 中的静态资源被复制到输出目录中。

2．部署

如果使用 Vue CLI 处理静态资源并和后端框架一起作为部署的一部分,那么需要确保 Vue CLI 生成的构建文件在正确的位置,并遵循后端框架的发布方式。如果服务器端暴露一个前端可以访问的 API 而独立进行前端部署,那么前端实际上是纯静态应用,可以将 dist 目录里构建的内容部署到任何静态文件服务器中,但要确保正确的 publicPath。

3．本地预览

dist 目录需要启动一个 HTTP 服务器来访问（除非已经将 publicPath 配置为一个相对的值）,以 file:// 协议直接打开 dist/index.html 是不会工作的。在本地预览生产环境中构建最简单的方式就是用一个 Node.js 静态文件服务器,例如执行以下命令:

```
npm install - g serve
♯ - s 参数的意思是将其架设在 SPA 模式下
♯ 这个模式会处理即将提到的路由问题
serve - s dist
```

9.4　本章小结

本章介绍创建 Vue 3 项目脚手架的实用工具 Vue CLI,熟练掌握该工具,可以快速构建符合项目要求的框架程序。此外,介绍脚手架项目中的一些重要配置文件和项目结构,可以帮助开发者快速开发项目。

习题

1. 构建的 Vue CLI 工程都用到了哪些技术？它们的用处分别是什么？
2. Vue CLI 常用的命令有哪些？
3. 描述 Vue CLI 工程中每个文件夹的作用。
4. Vue CLI 的常用配置有哪些？

第 10 章

Vuex 组件状态管理

视频讲解

　　状态管理可以简单地理解为将需要多个组件共享的变量存储在一个对象中,然后把该对象放置在顶层的 Vue 3 实例中,以便其他组件使用。

10.1　Vuex 介绍

10.1.1　Vuex 是什么

　　Vuex 是为了 Vue 3 应用程序开发而设计的状态管理模式。它采用集中式存储管理应用程序中的所有组件状态,并且使用相应的规则来确保状态以一种可预测的方式发生变化。此外,Vuex 还集成在 Vue 3 的官方调试工具 devtools extension 中,提供一些高级调试功能,如零配置的时间旅行调试、状态快照导入导出等。

10.1.2　Vuex 特点

　　要了解 Vuex 的特点,可以从一个简单的 Vue 3 计数应用开始,代码如下:

```
new Vue({
 // state
 data() {
 return {
  count: 0
 }
 },
 // view
 template: '
< div >{{ count }}</div >
 ',
 // actions
 methods: {
  increment() {
   this.count++
  }
 }
})
```

这个状态自管理应用包含以下 3 部分。

(1) state:驱动应用的数据源。

（2）view：以声明方式将 state 映射到视图。

（3）actions：用于响应在 view 上的用户输入导致的状态变化。

图 10.1 为"单向数据流"理念的简单示意图。

但是，当应用遇到多个组件共享状态时，以下两种情况很容易破坏单向数据流的简洁性：

（1）多个视图依赖同一个状态。

（2）来自不同视图的行为需要变更同一个状态。

当多个视图依赖同一个状态时，传递参数的方式会很烦琐，特别是对于嵌套组件的层层传递和兄弟组件之间的状态同步。此外，处理同一个状态的变更时，通常会采用父子组件直接引用或者通过事件来变更和同步多份拷贝的状态，但这些模式非常脆弱，往往导致代码难以维护。

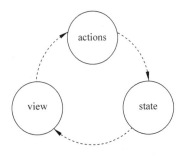

图 10.1　单向数据流示意图

因此，为了更好地管理组件的共享状态，需要将其抽取出来，以全局单例模式进行管理。这种模式下，组件树形成了一个巨大的"视图"，不论在树的哪个位置，任何组件都可以获取状态或者触发行为。通过定义和隔离状态管理中的各种概念，通过强制规则维持视图和状态之间的独立性，可以使代码更加结构化且易于维护。

这正是 Vuex 的基本思想，它借鉴了 Flux、Redux 和 The Elm Architecture 的设计思想。与其他模式不同的是，Vuex 是专门为 Vue 3 设计的状态管理库，它充分利用了 Vue 3 的细粒度数据响应机制，可以高效地进行状态更新。

10.2　Vuex 安装

10.2.1　通过 npm 或 yarn 安装

使用 npm 安装，执行以下命令：

```
npm install vuex@next - save
```

或者使用 yarn 安装，执行以下命令：

```
yarn add vuex@next - save
```

注意，安装的 Vuex 需要支持 Vue 3 新版本，即这里的 vuex@next. 支持 Vue 2 的 Vuex 版本名是 Vuex。

10.2.2　独立构建

如果需要使用 dev 分支下的最新版本，可以在 GitHub 上克隆代码并自己构建，具体如下：

```
git clone https://github.com/vuejs/vuex.git node_modules/vuex
cd node_modules/vuex
yarn
yarn build
```

10.3 Vuex 状态管理

每一个 Vuex 应用的核心是 store(仓库)，store 可以看作是一个容器，包含着应用中大部分的状态（state）。Vuex 和单纯的全局对象相比，有以下两个不同点。

(1) Vuex 的状态存储是响应式的。当 Vue 3 组件从 store 中读取状态的时候，若 store 中的状态发生变化，那么相应的组件也会得到高效更新。

(2) 不能直接改变 store 中的状态。改变 store 中状态的唯一途径就是显式地提交 (commit) mutation。这样 Vuex 可以方便跟踪每一个状态的变化，从而让 Vuex 能够实现一些工具帮助管理应用。

安装 Vuex 之后创建一个 store，创建过程需要提供一个初始 state 对象和一些 mutation，代码如下：

```
import { createApp } from 'vue'
import { createStore } from 'vuex'

// 创建一个新的 store 实例
const store = createStore({
 state () {
  return {
   count: 0
  }
 },
 mutations: {
  increment (state) {
   state.count++
  }
 }
})

const app = createApp({ /* 根组件 */ })

// 将 store 实例作为插件安装
app.use(store)
```

通过 store.state 来获取状态对象，并通过 store.commit() 函数触发状态变更，代码如下：

```
store.commit('increment')
console.log(store.state.count)
```

在 Vue 3 组件中，可以使用 this.$store 访问 store 实例，用下面的代码从组件的方法提交一个变更：

```
methods: {
 increment() {
  this.$store.commit('increment')
  console.log(this.$store.state.count)
 }
```

```
}
```

因为 store 中的状态是响应式的,所以在组件中调用 store 中的状态需要在计算属性中返回。如果要触发状态变化,需要在组件的 methods 中提交 mutation。

10.3.1　组件中获取 Vuex 状态

Vuex 中的状态是响应式的,因此从 store 实例中读取状态的方法是在计算属性中返回相应状态,代码如下:

```
// 创建一个 Counter 组件
const Counter = {
 template: '< div >{{ count }}</div >',
 computed: {
  count () {
   return store. state. count
  }
 }
}
```

每当 store. state. count 发生变化时,计算属性会重新计算并触发与其相关的 DOM 对象更新。然而这种模式会使组件依赖全局状态单例,导致在模块化构建系统中,每个需要使用状态的组件都需要频繁导入,并且在测试组件时需要模拟状态。Vuex 通过 Vue 3 的插件系统,将 store 实例从根组件中"注入"到所有子组件中,并使子组件能够通过 this. $store 访问。下面是 Counter 组件的更新实现代码:

```
const Counter = {
 template: '< div >{{ count }}</div >',
 computed: {
  count () {
   return this. $store. state. count
  }
 }
}
```

10.3.2　辅助函数 mapState()

当一个组件需要获取多个状态时,每个状态都声明为计算属性会冗余且重复。使用 mapState() 辅助函数帮助生成计算属性,可以解决这个问题,代码如下:

```
import { mapState } from 'vuex'

export default {
 // ...
 computed: mapState({
  count: state => state.count,
  // 传字符串参数 count 等同于 state => state.count
  countAlias: 'count',
  // 为了能够使用 this 获取局部状态,必须使用常规函数
  countPlusLocalState (state) {
   return state.count + this.localCount
```

```
     }
   })
 }
```

当映射的计算属性名称与 state 的子节点名称相同时，可以给 mapState() 函数传一个
字符串数组，代码如下：

```
computed: mapState([
 // 映射 this.count 为 store.state.count
 'count'
])
```

10.3.3　对象展开运算符

mapState() 辅助函数返回一个对象，通常情况下需要一个工具函数将多个对象合并成
一个对象，并传递给计算属性，对象展开运算符可以极大地简化这个过程。代码如下：

```
computed: {
 localComputed() { /* ... */ },
 // 使用对象展开运算符将此对象混入外部对象中
 ...mapState({
  // ...
 })
}
```

10.4　Vuex 状态获取方法

有时候需要从 store 的 state 中衍生出一些状态，例如对列表进行过滤并计数，代码
如下：

```
computed: {
 doneTodosCount () {
  return this. $store.state.todos.filter(todo => todo.done).length
 }
}
```

为了简化上述代码，Vuex 允许在 store 中定义 getters 内的函数（简称为 getter 函数），
getter 函数接受 state 作为它的第一个参数，代码如下：

```
const store = createStore({
 state: {
  todos: [
   { id: 1, text: '...', done: true },
   { id: 2, text: '...', done: false }
  ]
 },
 getters: {
  //定义 getter 函数
  doneTodos (state) {
   return state.todos.filter(todo => todo.done)
  }
```

```
  }
})
```

10.4.1　属性访问

在 Vuex 中,定义 getter 函数可以从 state 中派生出一些状态,getter 函数接收 state 作为第一个参数,这些 getter 函数会暴露在 store.getters 对象中,以属性的形式访问这些值。getter 函数也可以接受其他 getter 函数作为第二个参数,代码如下:

```
store.getters.doneTodos // -> [{ id: 1, text: '...', done: true }]
getters: {
 // ...
 doneTodosCount (state, getters) {
  return getters.doneTodos.length
 }
}
store.getters.doneTodosCount // -> 1
computed: {
 doneTodosCount () {
  return this.$store.getters.doneTodosCount
 }
}
```

10.4.2　函数访问

通过 getter 函数返回一个函数来实现给 getter 函数传递参数,这对存储在 store 中的数组进行查询时非常有用,代码如下:

```
getters: {
 // ...
 getTodoById: (state) => (id) => {
  return state.todos.find(todo => todo.id === id)
 }
}
store.getters.getTodoById(2)
```

10.4.3　辅助函数 mapGetters()

mapGetters()辅助函数仅将 store 中的 getter 函数映射到局部计算属性,代码如下:

```
import { mapGetters } from 'vuex'

export default {
 // ...
 computed: {
 // 使用对象展开运算符将 getter 函数混入 computed 对象中
  ...mapGetters([
   'doneTodosCount',
   'anotherGetter',
   // ...
  ])
```

```
  }
}
```

也可以将 getter 函数重新命名，代码如下：

```
...mapGetters({
  // 把 this.doneCount 映射为 this.$store.getters.doneTodosCount
  doneCount: 'doneTodosCount'
})
```

10.5　Vuex 状态同步更改方法

10.5.1　通过提交 mutation 更改 Vuex 状态

在 Vuex 的 store 中，更改状态的唯一方法是提交 mutation。mutation 类似于事件，定义在 mutations 内部，每个 mutation 包含一个字符串类型（type）和一个回调函数（handler）。回调函数的功能是进行状态更改，并且第一个参数是 state。mutation 处理函数不能被直接调用，而是需要以相应的 type 调用 store.commit()函数，代码如下：

```
const store = createStore({
  state: {
    count: 1
  },
  mutations: {
    increment (state) {
      // 变更状态
      state.count++
    }
  }
})
store.commit('increment')
```

10.5.2　提交载荷

可以向 store.commit()函数传入额外的参数，即 mutation 的载荷（payload），一般情况下建议载荷是一个对象，代码如下：

```
// ...
mutations: {
  increment (state, n) {
    state.count += n
  }
}
store.commit('increment', 10)
```

10.5.3　对象风格提交方式

提交 mutation 的另一种方式是直接使用包含 type 属性的对象。当使用对象风格的提交方式时，整个对象都作为载荷传给 mutation 函数，因此处理函数保持不变，代码如下：

```
store.commit({
 type: 'increment',
 amount: 10
})
mutations: {
 increment (state, payload) {
  state.count += payload.amount
 }
}
```

10.6　Vuex 状态异步更改方法

10.6.1　分发 action

action 类似于 mutation,但有以下两点不同:

(1) action 提交的是 mutation,而不是直接变更状态。

(2) action 可以包含任意异步操作。

下面注册一个简单的 action,代码如下:

```
const store = createStore({
 state: {
  count: 0
 },
 mutations: {
  increment (state) {
   state.count++
  }
 },
 actions: {
  increment (context) {
   context.commit('increment')
  }
 }
})
```

action 函数接受一个与 store 实例具有相同函数和属性的 context 对象,因此可以调用 context.commit()提交一个 mutation,或者通过 context.state 和 context.getters()来获取 state 和 getter 函数。action 通过 store.dispatch()函数触发,开发者可以在 action 内部执行异步操作,代码如下:

```
store.dispatch('increment')

actions: {
 incrementAsync ({ commit }) {
  setTimeout(() => {
   commit('increment')
  }, 1000)
 }
}
```

actions 支持同样的载荷方式和对象方式进行分发，代码如下：

```
// 以载荷形式分发
store.dispatch('incrementAsync', {
  amount: 10
})

// 以对象形式分发
store.dispatch({
  type: 'incrementAsync',
  amount: 10
})
```

下面是一个更加实际的购物车示例，涉及调用异步 API 和分发多重 mutation。例子中正在进行一系列的异步操作，并且通过提交 mutation 记录 action 产生的状态变更，代码如下：

```
actions: {
  checkout ({ commit, state }, products) {
    // 把当前购物车的物品备份起来
    const savedCartItems = [...state.cart.added]
    // 发出结账请求
    // 然后清空购物车
    commit(types.CHECKOUT_REQUEST)
    // 购物 API 接受一个成功回调和一个失败回调
    shop.buyProducts(
      products,
      // 成功操作
      () => commit(types.CHECKOUT_SUCCESS),
      // 失败操作
      () => commit(types.CHECKOUT_FAILURE, savedCartItems)
    )
  }
}
```

10.6.2　在组件中分发 action

组件中使用 this.$store.dispatch()函数分发 action，或者使用 mapActions()辅助函数将组件的 methods 映射为 store.dispatch()函数调用，代码如下：

```
import { mapActions } from 'vuex'

export default {
  // ...
  methods: {
    ...mapActions([
      'increment',            // 将 this.increment() 映射为 this.$store.dispatch('increment')

      // mapActions 也支持载荷：
      'incrementBy'           // 将 this.incrementBy(amount)映射为 this.$store.dispatch
                              // ('incrementBy', amount)
    ]),
    ...mapActions({
      add: 'increment'        // 将 this.add() 映射为 this.$store.dispatch('increment')
```

```
    })
  }
}
```

10.6.3　组合 action

action 通常是异步的，store.dispatch( ) 函数可以处理被触发的 action 函数返回的 Promise 对象，处理完成后仍旧返回 Promise 对象，代码如下：

```
actions: {
 actionA ({ commit }) {
  return new Promise((resolve, reject) => {
   setTimeout(() => {
    commit('someMutation')
    resolve()
   }, 1000)
  })
 }
}
store.dispatch('actionA').then(() => {
 // ...
})
actions: {
 // ...
 actionB ({ dispatch, commit }) {
  return dispatch('actionA').then(() => {
   commit('someOtherMutation')
  })
 }
}
```

如果利用 async / await，可以用以下方式组合 action：

```
// 假设 getData() 和 getOtherData() 返回的是 Promise 对象
actions: {
 async actionA ({ commit }) {
  commit('gotData', await getData())
 },
 async actionB ({ dispatch, commit }) {
  await dispatch('actionA')  // 等待 actionA 完成
  commit('gotOtherData', await getOtherData())
 }
}
```

10.7　Vuex 状态模块化管理

由于使用单一状态树，因此应用的所有状态会集中到一个较大的对象，当应用变得非常复杂时，store 对象就可能变得很臃肿。Vuex 允许将 store 分割成模块（module），每个模块中拥有自己的 state、mutations、actions、getters，甚至是嵌套子模块，其中内置的函数分别简称为 mutation 函数、action 函数和 getter 函数，代码如下：

```
const moduleA = {
```

```
  state: () => ({ ... }),
  mutations: { ... },
  actions: { ... },
  getters: { ... }
}

const moduleB = {
  state: () => ({ ... }),
  mutations: { ... },
  actions: { ... }
}

const store = createStore({
  modules: {
    a: moduleA,
    b: moduleB
  }
})

store.state.a              // -> moduleA 的状态
store.state.b              // -> moduleB 的状态
```

10.7.1　模块局部状态

对于模块内部的 mutation 函数和 getter 函数，接收的第一个参数是模块的局部状态对象，代码如下：

```
const moduleA = {
  state: () => ({
    count: 0
  }),
  mutations: {
    increment (state) {
      // 这里的 state 对象是模块的局部状态
      state.count++
    }
  },
  getters: {
    doubleCount (state) {
      return state.count * 2
    }
  }
}
```

同样地，对于模块内部的 action 函数，局部状态通过 context.state 暴露出来，根节点状态则为 context.rootState，代码如下：

```
const moduleA = {
  // ...
  actions: {
    incrementIfOddOnRootSum ({ state, commit, rootState }) {
```

```
  if ((state.count + rootState.count) % 2 === 1) {
   commit('increment')
  }
 }
 }
}
```

对于模块内部的 getter 函数,根节点状态会作为第三个参数暴露出来,代码如下:

```
const moduleA = {
 // ...
 getters: {
  sumWithRootCount (state, getters, rootState) {
   return state.count + rootState.count
  }
 }
}
```

10.7.2　模块命名空间

默认情况下,Vuex 中模块内部的 action 函数和 mutation 函数是在全局命名空间下注册的,这样可以使多个模块对同一个 action 函数或 mutation 函数进行响应。getter 函数同样也默认注册在全局命名空间。

为了提高模块的封装度和复用性,通过添加 namespaced:true 的方式将模块转换为带命名空间的模块。一旦模块被注册,它的所有 getter 函数、action 函数和 mutation 函数都会根据模块注册的路径自动进行命名调整,代码如下:

```
const store = createStore({
 modules: {
  account: {
   namespaced: true,

    // 模块内容(module assets)
   state: () => ({ ... }),
                        // 模块内的状态已经是嵌套的,使用 namespaced 属性不会对其产生影响
   getters: {
    isAdmin () { ... }      // -> getters['account/isAdmin']
   },
   actions: {
    login () { ... }       // -> dispatch('account/login')
   },
   mutations: {
    login () { ... }       // -> commit('account/login')
   },

   // 嵌套模块
   modules: {
    // 继承父模块的命名空间
    myPage: {
     state: () => ({ ... }),
```

```
        getters: {
          profile () { ... }        // -> getters['account/profile']
        }
      },

      // 进一步嵌套命名空间
      posts: {
        namespaced: true,

        state: () => ({ ... }),
        getters: {
          popular () { ... }        // -> getters['account/posts/popular']
        }
      }
    }
  }
}
})
```

启用命名空间后，模块内的 getter 函数和 action 函数将收到局部化的 getter 函数、dispatch()函数和 commit()函数，在模块内部使用这些内容时，不需要添加同一模块内的命名空间前缀，修改 namespaced 属性后，无须更改模块内的代码。

如果需要在 getter 函数 中访问全局 state 函数和 getter 函数，可以将 rootState 和 rootGetters 作为第三个参数和第四个参数传递给 getter 函数，也可以通过 context 对象的属性访问。如果需要在全局命名空间内分发 action 函数 或提交 mutation，则需要将 { root:true } 作为第三个参数传递给 dispatch()函数或 commit()函数，代码如下：

```
modules: {
  foo: {
    namespaced: true,

    getters: {
      // 该模块中 getters 被局部化了，可以使用 getter 函数的第四个参数来调用 rootGetters
      someGetter (state, getters, rootState, rootGetters) {
        getters.someOtherGetter                    // -> 'foo/someOtherGetter'
        rootGetters.someOtherGetter                // -> 'someOtherGetter'
        rootGetters['bar/someOtherGetter']         // -> 'bar/someOtherGetter'
      },
      someOtherGetter: state => { ... }
    },

    actions: {
      // 该模块中 dispatch 和 commit 也被局部化，可以接受 root 属性以访问根 dispatch()函数或
      // commit()函数
      someaction ({ dispatch, commit, getters, rootGetters }) {
        getters.someGetter                         // -> 'foo/someGetter'
        rootGetters.someGetter                     // -> 'someGetter'
        rootGetters['bar/someGetter']              // -> 'bar/someGetter'

        dispatch('someOtheraction')                // -> 'foo/someOtheraction'
```

```
dispatch('someOtheraction', null, { root: true })   // -> 'someOtheraction'

commit('someMutation')                              // -> 'foo/someMutation'
commit('someMutation', null, { root: true })        // -> 'someMutation'
    },
    someOtheraction (ctx, payload) { ... }
  }
 }
}
```

若需要在带命名空间的模块注册全局 action 函数,可添加 root:true,并将这个 action 函数的定义放在 handler()函数中,代码如下:

```
{
 actions: {
  someOtheraction ({dispatch}) {
   dispatch('someaction')
  }
 },
 modules: {
  foo: {
   namespaced: true,

   actions: {
    someaction: {
     root: true,
     handler (namespacedContext, payload) { ... }    // -> 'someaction'
    }
   }
  }
 }
}
```

当使用 mapState()、mapGetters()、mapactions()和 mapMutations()这些函数来绑定带命名空间的模块时,写起来可能较为烦琐,代码如下:

```
computed: {
 ...mapState({
  a: state => state.some.nested.module.a,
  b: state => state.some.nested.module.b
 }),
 ...mapGetters([
  'some/nested/module/someGetter',        // -> this['some/nested/module/someGetter']
  'some/nested/module/someOtherGetter',   // -> this['some/nested/module/someOtherGetter']
 ])
},
methods: {
 ...mapactions([
  'some/nested/module/foo',               // -> this['some/nested/module/foo']()
  'some/nested/module/bar'                // -> this['some/nested/module/bar']()
 ])
}
```

150

对于这种情况，可以将模块的空间名称字符串作为第一个参数传递给上述函数，这样所有绑定都会自动将该模块作为上下文，上述代码可简化为如下形式：

```
computed: {
 ...mapState('some/nested/module', {
  a: state => state.a,
  b: state => state.b
 }),
 ...mapGetters('some/nested/module', [
  'someGetter',                      // -> this.someGetter
  'someOtherGetter',                 // -> this.someOtherGetter
 ])
},
methods: {
 ...mapactions('some/nested/module', [
  'foo',                             // -> this.foo()
  'bar'                              // -> this.bar()
 ])
}
```

可以使用 createNamespacedHelpers() 函数创建基于某个命名空间的辅助函数，返回一个对象，对象里包含该辅助函数，代码如下：

```
import { createNamespacedHelpers } from 'vuex'

const { mapState, mapactions } = createNamespacedHelpers('some/nested/module')

export default {
 computed: {
  // 在 some/nested/module 中查找
  ...mapState({
   a: state => state.a,
   b: state => state.b
  })
 },
 methods: {
  // 在 some/nested/module 中查找
  ...mapactions([
   'foo',
   'bar'
  ])
 }
}
```

10.7.3 模块动态注册

使用 store.registerModule() 函数注册模块，代码如下：

```
import { createStore } from 'vuex'

const store = createStore({ /* 选项 */ })
```

```
// 注册模块 myModule
store.registerModule('myModule', {
 // ...
})

// 注册嵌套模块 nested/myModule
store.registerModule(['nested', 'myModule'], {
 // ...
})
```

通过 store.state.myModule 和 store.state.nested.myModule 访问模块的状态。模块动态注册指通过其他 Vue 3 插件在 store 中附加新模块的功能,从而使用 Vuex 管理状态。例如,vuex-router-sync 插件就是通过动态注册模块将 Vue Router 和 Vuex 结合,实现应用的路由状态管理。

开发者可以使用 store.registerModule(moduleName,module)函数动态注册模块,使用 store.unregisterModule(moduleName)函数动态卸载模块。需要注意的是,无法卸载静态模块(即创建 store 时声明的模块),可以使用 store.hasModule(moduleName)函数来检查该模块是否已经被注册到 store。嵌套模块应该以数组形式传递给 registerModule 和 hasModule,而不是以路径字符串的形式传递给 module。

10.7.4　模块重用

创建一个模块的多个实例的需求如下:
(1)创建多个 store,它们共用一个模块。
(2)在一个 store 中多次注册同一个模块。

如果使用一个纯对象来声明模块的状态,那么这个状态对象会通过引用被共享,导致状态对象被修改时 store 或模块间数据互相污染,实际上这和 Vue 3 组件内的 data 是同样的问题,因此解决办法也相同,即使用一个函数来声明模块状态。代码如下:

```
const MyReusableModule = {
 state: () => ({
  foo: 'bar'
 }),
 // mutation、action 和 getter 等
}
```

10.8　本章小结

本章介绍了 Vue 3 官方推荐的状态管理解决方案 Vuex 的使用方法。需要注意的是,应该避免直接修改 store 中的状态,而通过提交对应的 mutation 进行修改。在组件中,mutation 和 action 会映射为组件的函数使用,而 store 中的 state 函数和 getter 函数会映射为计算属性使用。如果应用较为复杂,状态较多,可以通过将其分为模块进行管理,或者将模块定义为带命名空间的模块,但这样访问可能会稍微复杂。因此,在实际项目中,建议使用辅助映射函数来简化对 store 的访问。

习题

1. Vuex 是什么？怎么使用？适用于哪些功能场景？
2. Vuex 有哪几种属性？
3. Vuex 中状态存储在哪里？如何改变它？
4. Vuex 中划分模块的优点是什么？

第 11 章

红色旅游 App 综合项目

本章将结合之前所学的知识,开发一个红色旅游 App。

11.1 红色旅游 App 总体规划

在红色旅游 App 中,将尝试使用 Vue 3 构建一个 H5 单页面应用,整个页面外观将与常见的手机 App 一致,但需要在浏览器中打开,通过相应的 WebView 封装,可以将这个页面打包成一个移动应用。

为了完成前端页面的开发,需要进行原型设计,最简单的方法是手绘草图。红色旅游 App 总体设计包括 6 个独立页面,分别是首页、产品列表页、搜索页面、产品详情页、购物车页面和个人中心页面。其中,底部导航栏直接关联了 4 个独立页面,分别是首页、产品列表页、购物车页面和个人中心页面。

在本项目中,红色旅游 App 的首页布局如图 11.1 所示。可以看出,首页大致可分为 5

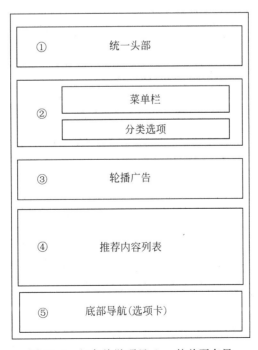

图 11.1 红色旅游项目 App 的首页布局

部分。将首页划分为更小的组件,有助于组件的设计,初步估计至少需要 7 个组件(加上首页组件本身)。需要综合考虑各部分的复杂程度、功能实现是否可复用等因素,最终确定组件的设计方案。

接下来是产品列表页的设计。相对而言,产品列表页面比较简单,只由统一头部和一个列表组件构成。列表组件一定会在多个页面中应用,因此在设计组件时需要考虑列表项的通用性,产品列表页布局如图 11.2 所示。

搜索页面布局如图 11.3 所示。

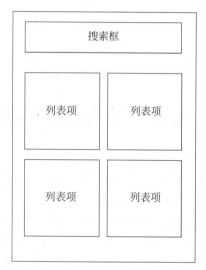

图 11.2　产品列表页布局　　　　　　图 11.3　搜索页面布局

产品详情页是介绍旅游产品的重要页面,需要展示的内容较多。本章简化了相应的内容,布局如图 11.4 所示。

购物车页面负责展示已经加入购物车的产品列表,可以设计得比较简单,具体的设计如图 11.5 所示。

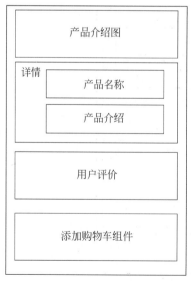

图 11.4　产品详情页布局　　　　　　图 11.5　购物车页面

个人中心页面主要展示用户信息和一些操作,如查看订单、开具发票等,整体的设计如图 11.6 所示。

图 11.6　个人中心页面

接下来将逐个介绍页面实现涉及的组件。本章主要介绍组件和页面的设计,CSS 样式的开发不作为重点,读者可以在学习后自行尝试对整个项目进行不同样式的设计,补充 CSS 相关内容。

11.2　脚手架及项目搭建

选择好项目存放的目录后,可以使用 Vue CLI 创建一个脚手架项目,项目名为 red-tour。打开命令提示符窗口,输入以下命令开始创建脚手架:

vue create red-tour

命令提示符窗口会输出如图 11.7 所示的多个选项内容。如果希望自定义工程配置,可以选择其中的 Manually select features 选项手动配置工程属性,然后根据如图 11.8 所示的指示选择工程所需的各种插件功能。如果希望使用系统默认配置,则可以选择 Default (Vue 3)选项,然后连续按回车键,最终生成的项目结构如图 11.9 所示。

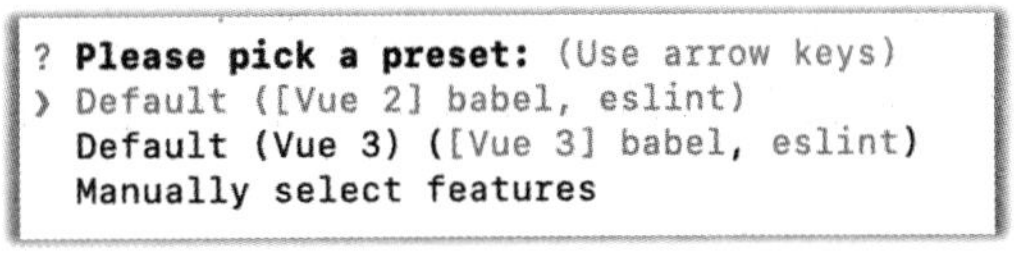

```
? Please pick a preset: (Use arrow keys)
> Default ([Vue 2] babel, eslint)
  Default (Vue 3) ([Vue 3] babel, eslint)
  Manually select features
```

图 11.7　Vue CLI 选项

检查工程目录,发现有 router 文件夹和 store 文件夹,查看这些文件夹中的 index.js 文件,可以看到 Vue CLI 在创建项目时,已经自动将选择的 Vuex 和 vue-router 加入了工程中,整个工程的入口文件为 main.js,其中包含如下代码:

```
import { createApp } from 'vue'
import App from './App.vue'
```

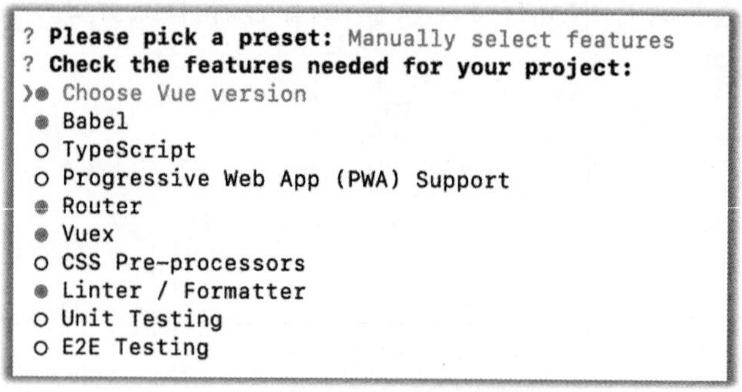

```
? Please pick a preset: Manually select features
? Check the features needed for your project:
>● Choose Vue version
 ● Babel
 ○ TypeScript
 ○ Progressive Web App (PWA) Support
 ● Router
 ● Vuex
 ○ CSS Pre-processors
 ● Linter / Formatter
 ○ Unit Testing
 ○ E2E Testing
```

图 11.8　Vue 3 工程插件功能选择

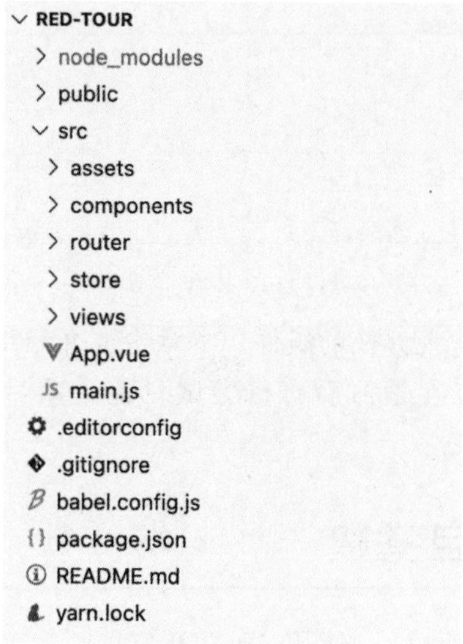

```
∨ RED-TOUR
  > node_modules
  > public
  ∨ src
    > assets
    > components
    > router
    > store
    > views
    Ⅴ App.vue
    JS main.js
  ✿ .editorconfig
  ◆ .gitignore
  B babel.config.js
  {} package.json
  ⓘ README.md
  ⚓ yarn.lock
```

图 11.9　项目结构

```
import router from './router'
import store from './store'

createApp(App).use(store).use(router).mount('#app')
```

　　这表明 router 文件夹和 store 文件夹已经被完全导入和注册。在项目结构中，还有一个 views 文件夹，用于存放页面级别组件，如项目默认提供的 About 和 Home 组件，通常 views 组件不会被复用。components 文件夹用于存放可复用组件或一些小组件，这些组件通常不是页面级别的。在终端中输入以下命令可以预览新创建的工程的实际效果：

```
cd red-tour
npm run serve
```

　　项目启动界面如图 11.10 所示。

　　打开浏览器输入网址 http://localhost:8080/，就可以看到这个空壳项目的运行效果。在浏览器中按 F12 键打开开发者工具，选择切换设备模式，然后选择一个比较流行的手机型号，就可以看到这个页面在手机上的展示样式，图 11.11 是选择 iPhone 12 pro 手机模拟器的运行效果。

```
> red-tour@0.1.0 serve /Users/tom/red-tour
> vue-cli-service serve

        Starting development server...
98% after emitting CopyPlugin

DONE  Compiled successfully in 1115ms


 App running at:
 - Local:   http://localhost:8080/
 - Network: http://192.168.0.32:8080/

Note that the development build is not optimized.
To create a production build, run yarn build.
```

图 11.10　项目启动界面

| 尺寸: iPhone 12 Pro ▾ | 390 | × | 844 | 75% ▾ | 无限制 ▾ | 🔒 |

Home | **About**

Welcome to Your Vue.js App

For a guide and recipes on how to configure / customize this project,
check out the vue-cli documentation.

Installed CLI Plugins

babel　router　vuex　eslint

Essential Links

Core Docs　Forum　Community Chat　Twitter
News

Ecosystem

vue-router　vuex　vue-devtools　vue-loader
awesome-vue

图 11.11　新项目运行效果

11.3 第三方依赖的安装

11.3.1 安装 axios

本项目采用官网推荐的 axios 访问服务端接口提供的数据,使用 Visual Studio Code 打开项目目录,然后打开终端窗口,执行下面的命令安装 axios 和 vue-axios 插件:

```
npm install -- save axios vue-axios
```

在项目的 main.js 文件中引入 axios,代码如下所示:

```
import { createApp } from 'vue'
import App from './App.vue'
import router from './router'
import store from './store'
import axios from 'axios'
import VueAxios from 'vue-axios'

createApp(App).use(store).use(router).use(VueAxios, axios).mount('#app')
```

本项目采用前后端分离的开发方式,即前端页面所在的服务器和后台提供数据的服务器是分离的,分别部署在不同的服务器上。因此请求后台数据会涉及跨域访问的问题。在开发时需要配置一个反向代理来解决这个问题,将请求转发给真正提供数据的后台服务器。反向代理的配置需要在项目的根目录下修改 vue.config.js 文件,该文件是 Vue 3 脚手架项目的配置文件,代码如下:

```
const { defineConfig } = require('@vue/cli-service')
module.exports = defineConfig({
 transpileDependencies: true,
 devServer: {
  proxy: {
   //api 是后端数据接口的上下文路径
   'api': {
    //这里的地址是后端数据接口的地址
    target: 'http://127.0.0.1:8888/',
    //允许跨域
    changeOrigin: true,
   }
  }
 },
})
```

在 main.js 文件中为 axios 配置全局的 baseURL 默认值,代码如下:

```
axios.defaults.baseURL = "/api"
```

经过上述配置后,不管前端项目所在的服务器 IP 和端口是多少,对/xxx/xxx 发起的请求都会被自动代理为对 http://127.0.0.1:8888/api/xxx/xxx 发起请求。

11.3.2 安装 Element Plus

Element Plus 是由饿了么前端团队基于 Vue 3 开发的开源组件库,为开发者、设计师和

产品经理提供了配套设计资源,帮助网站快速成型,安装 Element Plus 需要执行以下命令:

```
npm install -- save element - plus
```

如果对打包后的文件大小不是很关注,可以使用完整导入,编辑项目的 main.js 文件来引入 Element Plus,代码如下:

```
import { createApp } from 'vue'
import App from './App.vue'
import router from './router'
import store from './store'
import axios from 'axios'
import VueAxios from 'vue - axios'
import ElementPlus from 'element - plus'
import 'element - plus/dist/index.css'

axios.defaults.baseURL = "/api"

createApp(App)
.use(store)
.use(router)
.use(VueAxios, axios)
.use(ElementPlus)
.mount('♯app')
```

在引入 Element Plus 的时候,可以传入一个包含 size 属性和 zIndex 属性的全局配置对象。其中,size 属性用于设置表单组件的默认尺寸,zIndex 属性用于设置弹出组件的层级,默认值为 2000。如有需要可修改 Element Plus 的全局配置,例如将 zIndex 修改为 3000,代码如下:

```
createApp(App)
.use(store)
.use(router)
.use(VueAxios, axios)
.use(ElementPlus, { size: 'small', zIndex: 3000 })
.mount('♯app')
```

11.4 首页功能开发

下面正式进入项目代码的编写。将首页拆分为多个组件,对每个组件进行设计和开发。

11.4.1 构建统一头部

很多页面都需要使用地点选择、搜索及消息提醒等功能,因此可以将这些功能放在统一头部中,整体结构如图 11.12 所示。

图 11.12　统一头部整体结构

在 components 文件夹下新建 UniHeader.vue 文件，代码如下：

```
<template>
  <div class="header">
    <div class="hometitle" @click="navTo('/cityList')">
      <span class="">全球</span>
      <i class="ico-arrow"></i>
    </div>
    <div class="searchline" @click="navTo('/searchPage')">
      <i class="ico-search"></i>
      <span>目的地/景点/话题...</span>
    </div>
    <div class="message" @click="navTo('/messagePage')">
      <img width="33" src="../assets/message.png" alt="">
    </div>
  </div>
</template>

<script>
export default {
  name: 'UniHeader',
  props: {},
  methods: {
    navTo(path){
      this.$router.push(path);
    }
  }
}
</script>

<style scoped>
.header {
  display: flex;
  justify-content: space-between;
  align-items: center;
  height: 44px;
  padding: 0 12px;
}

.hometitle {
  color: rgb(51, 51, 51);
  font-size: 16px;
  font-weight: bold;
  display: flex;
  /* justify-content: center; */
  align-items: center;
  flex-shrink: 0;
}

.ico-arrow {
  width: 16px;
```

```
  height: 16px;
  overflow: hidden;
  display: inline - block;
  background: url('../assets/lvpai_home_switcharr_v1.png') no - repeat 50 % ;
  background - size: 16px;
  vertical - align: - 2px;
  margin - left: 4px;
  margin - right: 16px;
}

.searchline {
  height: 32px;
  border - radius: 32px;
  line - height: 32px;
  background: #f4f4f4;
  box - shadow: none;
  padding: 0 6px;
  color: #999;
  font - size: 14px;
  overflow: hidden;
  white - space: nowrap;
  text - overflow: ellipsis;
  flex - shrink: 0;
  flex - grow: 1;
  margin: 0 12px;
  text - align: left;
}

.ico - search {
  display: inline - block;
  width: 12px;
  height: 12px;
  overflow: hidden;
  background: url('../assets/tripshoot_search@3x.png') no - repeat 50 % ;
  background - size: 12px;
  margin: 0 8px 0 6px;
  vertical - align: - 1px;
}

.message {
  width: 33px;
  height: 33px;
}
</style>
```

这里暂不实现地点选择和搜索的页面,读者可以自行补充相关页面的开发,并在设计好统一路由后补充相关的跳转功能。对 HomeView.vue 进行如下修改,就可以看到组件的真实展示效果:

```
< template >
 < div class = "home">
```

```
  <UniHeader />
 </div>
</template>

<script>
// @ is an alias to /src
import UniHeader from '@/components/UniHeader.vue'

export default {
 name: 'HomeView',
 components: {
  UniHeader
  }
 }
</script>
```

11.4.2　设计全局菜单

对于一个 H5 单页面应用来说，菜单往往是页面的重要组成部分。红色旅游 App 的 H5 页面设计了菜单组件，这个组件接受一个描述菜单内容的数组并将其渲染出来。在 components 文件夹下新建 MenuList.vue 文件，并创建如下代码：

```
<template>
 <div class = "menu">
  <div :class = "type === 'big'?'menuItem':'menuItemS'" v-for = "(item, index) in list" :key
= "index" @click = "navTo(item.url)">
   <img :src = "item.src" />
   <span>{{ item.name }}</span>
  </div>
 </div>
</template>

<script>
export default {
 name: 'MenuList',
 props: {
  type: String,
  list: Array
 },
 methods: {
  navTo(path) {
   this. $router. push(path)
  }
 }
}
</script>

<style scoped>
.menu {
 display: flex;
```

```
  justify - content: space - between;
  flex - wrap: wrap;
  justify - content: left;
  margin: 12px 12px 0 12px;
}

.menuItem {
  width: 25 % ;
  display: flex;
  flex - direction: column;
  align - items: center;
  font - size: 12px;
  margin - bottom: 6px;
}
.menuItem img {
  width: 53px;
}
.menuItemS {
  width: 20 % ;
  display: flex;
  flex - direction: column;
  align - items: center;
  font - size: 12px;
  margin - bottom: 6px;
}
.menuItemS img {
  width: 33px;
}
</style >
```

在组件的设计中,同时兼容了两种不同大小的菜单模式,可以通过向组件传递不同的参数来控制其展示样式。这种方式增加了组件的可重用性,首页中的菜单栏和分类选项都可以采用此组件来实现。在 iconfont 在线图标库中选择了一些图标,最终页面呈现的形式如图 11.13 所示。

图 11.13　首页菜单的样式

11.4.3 广告轮播组件

轮播组件是所有页面中最常用的组件，有些时候也被称为走马灯（carousel）。在红色旅游 App 中，需要对 Element Plus 提供的走马灯组件进行二次封装，以满足页面的需求。关于走马灯组件的具体使用方法，可以在 https://element-plus. org/zh-CN/component/carousel. html 参阅 Element Plus 的官方文档。

创建 AdvertisementView. vue 文件，并实现其功能代码，具体如下：

```
< template >
 < div >
  < el - carousel trigger = "click" height = "150px">
   < el - carousel - item v - for = "item in 4" :key = "item">
    < h3 class = "small justify - center" text = "2xl">{{ item }}</h3 >
   </el - carousel - item >
  </el - carousel >
 </div >
</template >

< script >
export default {
 name: 'AdvertisementView',
 props: {},
 methods: {
  navTo(path) {
   this. $router. push(path)
  }
 }
}
</script >

< style scoped >

 .el - carousel __ item h3 {
  color: #475669;
  opacity: 0.75;
  line - height: 150px;
  margin: 0;
  text - align: center;
 }

 .el - carousel __ item:nth - child(2n) {
  background - color: #99a9bf;
 }

 .el - carousel __ item:nth - child(2n + 1) {
  background - color: #d3dce6;
 }
</style >
```

这里不再实现展示具体图片的功能，而是以数字代替广告图片，读者可以自行尝试使用组件的 props 传入要展示的图片,或者在组件的生命周期内从服务器拉取图片,还可以实现单击图片实现跳转功能。

11.4.4　实现推荐内容列表

推荐内容列表是用户第一个能接触到的产品宣传组件,绝大部分的 App 首页都是在进行产品的推荐。目前行业内普遍采用瀑布流的方式来展示热门推荐内容。对于瀑布流组件,常见的实现方式是 JavaScript 计算和 CSS 布局。这里采用 CSS 布局实现一个瀑布流,创建 WaterFall.vue 文件来存放瀑布流的代码,组件采用 flexbox 进行布局,代码如下:

```html
<template>
 <div class="waterfall">
  <div class="column">
   <div v-for="item in left.list" :key="item.id" class="waterfall-item">
    <img :src="item.url">
    <p style="font-size: 16px">{{ item.title }}</p>
    <p style="font-size: 12px; color: #bbbbbb;">{{ item.sub }}</p>
    <p style="font-size: 18px; color: brown; font-weight: bold;">{{ item.price }}</p>
   </div>
  </div>
  <div class="column">
   <div v-for="item in right.list" :key="item.id" class="waterfall-item">
    <img :src="item.url">
    <p style="font-size: 16px">{{ item.title }}</p>
    <p style="font-size: 12px; color: #bbbbbb;">{{ item.sub }}</p>
    <p style="font-size: 18px; color: brown; font-weight: bold;">{{ item.price }}</p>
   </div>
  </div>
  <div class="column">
   <div v-if="list[0]" class="waterfall-item" ref="waterItem">
    <img :src="list[0].url" @load="reCal">
    <p style="font-size: 16px">{{ list[0].title }}</p>
    <p style="font-size: 12px; color: #bbbbbb;">{{ list[0].sub }}</p>
    <p style="font-size: 18px; color: brown; font-weight: bold;">{{ list[0].price }}</p>
   </div>
  </div>
 </div>
</template>

<script>
import { ref } from 'vue'
export default {
 name: 'WaterFall',
 setup() {
  const waterItem = ref(null)
  let list = []
  for (let i = 1; i <= 30; i++) {
```

```
        list.push({
          url: `https://img.xjh.me/random_img.php?
type=bg&ctype=nature&return=302&random=${Math.random()}`,
          title: '中华郡国际旅游度假区',
          sub: '亲子游乐天堂',
          price: '￥40'
        })
      }
      return {
        list: list,
        left: {
          list: [],
          postion: 0,
        },
        right: {
          list: [],
          postion: 0,
        },
        waterItem
      }
    },
    methods: {
      navTo(path) {
        this.$router.push(path)
      },
      reCal(){
        if(this.left.postion < this.right.postion) {
          this.left.list.push(this.list.shift());
          this.left.postion += this.waterItem.offsetHeight;
        } else {
          this.right.list.push(this.list.shift());
          this.right.postion += this.waterItem.offsetHeight;
        }
        this.$forceUpdate()
      }
    }
  }
</script>

<style scoped>
.waterfall {
  display: flex;
  width: 100%;
  justify-content: flex-start;
  flex-wrap: wrap;
}

.column {
```

```
  width: 50%;
  display: flex;
  flex-direction: column;
}

p {
  margin: 0;
}

.waterfall-item {
  break-inside: avoid;
  box-sizing: border-box;
  padding: 10px;
  margin-bottom: 10px;
  background-color: honeydew;
  width: 100%;
  text-align: left;
}

.waterfall-item img {
  display: black;
  width: 100%;
  border-radius: 5px;
}
</style>
```

这个组件使用了一个开源图片获取接口(https://img.xjh.me/random_img.php?type=bg&ctype=nature&return=302)来模拟一些数据,虽然主题与项目主题不完全相同,但可以节省大量的服务器端开发工作。由于 get 请求存在缓存问题,因此在组件内部增加了一个随机参数来避免浏览器缓存并返回结果。这也是前端开发中的一个小技巧,即通过修改 URL 来避开浏览器缓存问题。

11.4.5 首页组件

经过上述多个组件的开发,可以看到首页所需的组件基本完成了。通过修改 views 文件夹下的 HomeView.vue 代码,将所有已经开发的组件组合起来,以展示现在的成果,代码如下:

```
<template>
  <div class="home">
    <UniHeader />
    <MenuList :list="menulist" :type="'big'"></MenuList>
    <MenuList :list="sublist"></MenuList>
    <AdvertisementView></AdvertisementView>
    <WaterFall></WaterFall>
  </div>
</template>
```

```
< script >
// @ is an alias to /src
import UniHeader from '@/components/UniHeader.vue'
import MenuList from '@/components/MenuList.vue'
import AdvertisementView from '@/components/AdvertisementView.vue'
import WaterFall from '@/components/WaterFall.vue'

export default {
 name: 'HomeView',
 components: {
  UniHeader,
  MenuList,
  AdvertisementView,
  WaterFall,
 },
 data(){
  return {
   menulist: [
     {
      name: '自由行',
      url: '/free',
      src: require('../assets/biaoqian.png')
     },
     {
      name: '度假',
      url: '/free',
      src: require('../assets/biji.png')
     },
     {
      name: '红色经典',
      url: '/free',
      src: require('../assets/dianzan.png')
     },
     {
      name: '酒店',
      url: '/free',
      src: require('../assets/huiyuan.png')
     }
    ],
    sublist: [
     ...
    ]
   }
  }
}
</script>
```

页面运行的效果如图 11.14 所示。

图 11.14　首页运行效果

11.4.6　底部导航组件

从首页的展示效果来看,还需要一个底部导航组件。通常底部导航组件被用作应用程序的全局导航组件,例如去哪儿网 App 内的底部导航组件如图 11.15 所示。

图 11.15　去哪儿网 App 内的底部导航组件

　　本项目也采用这种方式来实现底部导航组件。在 components 文件夹下创建 NavTab. vue 文件,并实现其代码,具体如下:

```
< template >
 < div class = "nav">
  < div class = "tab shouye"></div >
  < div class = "tab liebiao"></div >
  < div class = "tab gouwuche"></div >
  < div class = "tab yonghu"></div >
 </div >
</template >

< script >
export default {
 name: 'NavTab',
 props: {},
 methods: {
  navTo(path) {
    this. $router. push(path)
  }
 }
}
</script >

< style scoped >
.nav {
 display: flex;
 justify - content: space - around;
 align - items: center;
 position: fixed;
 bottom: 0;
 left: 0;
 width: 100 % ;
 height: 44px;
 background: # eee;
}
.tab {
 width: 24px;
 height: 24px;
 background - size: contain;
}
.shouye {
 background - image: url('../assets/shouye.png');
}
.liebiao {
 background - image: url('../assets/daliebiao.png');
}
```

```
.gouwuche {
 background-image: url('../assets/gouwucheman.png');
}
.yonghu {
 background-image: url('../assets/yonghu.png');
}
</style>
```

至此,首页的样式已经全部完成。在添加底部导航组件之后,HomeViwe.vue 文件也更新完毕,最终的页面效果如图 11.16 所示。

图 11.16 首页最终页面效果

在上述代码的基础上,还需要增加底部导航按钮的文字说明,并实现其跳转功能。读者可以自行完成,通过添加底部导航按钮并设置对应的文字说明和路由跳转来实现。

11.5 产品列表页功能开发

下面进入产品列表页的开发,在 views 文件夹下创建 ProductView. vue 文件,根据图 11.2 的页面布局设计,该页面需要组合前文所讲的统一头部组件、瀑布流组件和底部导航组件。代码如下:

```html
<template>
  <div class = "tour">
    <UniHeader />
    <WaterFall></WaterFall>
    <NavTab></NavTab>
  </div>
</template>

<script>
// @ is an alias to /src
import UniHeader from '@/components/UniHeader.vue'
import WaterFall from '@/components/WaterFall.vue'
import NavTab from '@/components/NavTab.vue'

export default {
  name: 'TourView',
  components: {
    UniHeader,
    WaterFall,
    NavTab
  }
}
</script>
<style scoped>
.tour {
  height: 100vh;
  overflow - y: scroll;
  background: white;
}
</style>
```

在浏览器中的最终样式如图 11.17 所示。

图 11.17 产品列表页的最终效果

11.6 搜索页面功能开发

从结构上看,搜索页面与产品列表页样式几乎相同,只是搜索功能需要使用瀑布流展示相应的搜索结果,并对原有的瀑布流进行一些改进以满足产品需求。此外,还需要重新开发一个搜索组件。尝试使用Vuex的一些功能,通过Vuex实现数据在组件之间的传递。

11.6.1 搜索框组件

在 components 文件夹下创建一个新的搜索组件 SearchBar.vue,代码如下:

```
< template >
 < div class = "header">
  < div class = "searchline">
```

```
      <i class = "ico - search"></i>
      <el - input v - model = "input" placeholder = "目的地/景点/话题…" style = "width: 72%;" />
      <el - button type = "primary" text @click = "search">搜索</el - button>
    </div>
  </div>
</template>
<script>
import { ref } from 'vue'
export default {
 name: 'SearchBar',
 setup() {
  const input = ref('')
  return {
   input
  }
 },
 methods: {
  search() {
   console.log(this.input)
   let list = []
   for (let i = 1; i <= 30; i++) {
    list.push({
     url: `https://img.xjh.me/random_img.php?
type = bg&ctype = nature&return = 302&random = ${Math.random()}`,
     title: '中华郡国际旅游度假区',
     sub: '亲子游乐天堂',
     price: '￥40'
    })
   }
   this.$store.commit('setSearchResult', list)
  }
 }
}
</script>
<style scoped>
.header {
 display: flex;
 justify - content: space - between;
 align - items: center;
 height: 44px;
 padding: 0 12px;
 position: sticky;
 top: 0;
 background - color: white;
 z - index: 1;
}
.searchline {
 height: 32px;
 border - radius: 32px;
 line - height: 32px;
 background: #f4f4f4;
```

```
box – shadow: none;
padding: 0 6px;
color: #999;
font – size: 14px;
overflow: hidden;
white – space: nowrap;
text – overflow: ellipsis;
flex – shrink: 0;
flex – grow: 1;
margin: 0 12px;
text – align: left;
}

.ico – search {
display: inline – block;
width: 12px;
height: 12px;
overflow: hidden;
background: url("../assets/tripshoot_search@3x.png") no – repeat 50%;
background – size: 12px;
margin: 0 8px 0 6px;
vertical – align: – 1px;
}
</style>
<style>
.el – input __ wrapper {
background: transparent;
box – shadow: none;
}
.el – input __ wrapper.is – focus {
box – shadow: none;
}
.el – input __ wrapper:hover {
box – shadow: none;
}
</style>
```

该组件实现了一个虚拟的搜索功能,当单击"搜索"按钮时,会生成一个搜索结果的 Array,并且发送到 Vuex 的全局状态里,还需要对 router 文件夹下的 index.js 代码进行如下修改:

```
import { createStore } from 'vuex'

export default createStore({
 state: {
  searchResult: []
 },
 getters: {
 },
 mutations: {
  setSearchResult(state, result) {
```

```
    state.searchResult = result
   }
 },
 actions: {
 },
 modules: {
 }
})
```

11.6.2　瀑布流组件改造

接下来对瀑布流组件进行修改。在之前的首页推荐开发中，瀑布流组件是通过内部构造数据来展示的，将该数据修改为使用 Vuex 中的数据进行页面渲染，并将每个展示项进一步抽离为独立的组件。新建一个 WaterFallItem.vue 文件，代码如下：

```
<template>
  <div class="waterfall-item" ref="waterItem">
   <img :src="item.url" @load="loaded" />
   <p style="font-size: 16px">{{ item.title }}</p>
   <p style="font-size: 12px; color: #bbbbbb;">{{ item.sub }}</p>
   <p style="font-size: 18px; color: brown; font-weight: bold;">{{ item.price }}</p>
  </div>
</template>
<script setup>
import { ref, defineEmits } from 'vue'
const props = defineProps({
 item: Object
})
const emit = defineEmits(['onLoad']);
const waterItem = ref(null);
const loaded = () => {
 emit("onLoad", waterItem.value.offsetHeight)
}
</script>
<style scoped>
.waterfall-item {
 break-inside: avoid;
 box-sizing: border-box;
 padding: 10px;
 margin-bottom: 10px;
 background-color: #f5f5f5;
 width: 100%;
 text-align: left;
 border-radius: 4px;
}

.waterfall-item img {
 display: black;
 width: 100%;
 border-radius: 5px;
```

```
}
</style>
```

修改 WaterFall 组件，更新后的 WaterFall. vue 文件代码如下：

```
<template>
 <div class = "waterfall">
  <div class = "column" style = "margin:0 2 % ;">
   <WaterFallItem v - for = "(item, index) in left. list" :key = "index" :item = "item">
</WaterFallItem>
  </div>
  <div class = "column">
   <WaterFallItem v - for = "(item, index) in right. list" :key = "index" :item = "item">
</WaterFallItem>
  </div>
  <div class = "column">
   <WaterFallItem v - if = "!!list[0]" :item = "list[0]" @onLoad = "reCal"></WaterFallItem>
  </div>
 </div>
</template>

<script>
import WaterFallItem from './WaterFallItem.vue'
import { ref, toRefs } from 'vue'
import { useRouter } from 'vue - router'
export default {
 name: 'WaterFall',
 props: {
  itemList: Array
 },
 components: {
  WaterFallItem
 },
 setup(props) {
  const { itemList: list } = toRefs(props);
  let left = ref({
   list: [],
   postion: 0,
  })
  let right = ref({
   list: [],
   postion: 0,
  })
  const router = useRouter()
  let navTo = (path) => {
   router. push(path)
  }
  let reCal = (height) => {
   if (left. value. postion < right. value. postion) {
    left. value. list. push(list. value. shift());
    left. value. postion += height;
   } else {
```

```
      right.value.list.push(list.value.shift());
      right.value.postion += height;
     }
    }
    return {
     list,
     left,
     right,
     reCal,
     navTo
    }
  }
}
</script>

<style scoped>
.waterfall {
 display: flex;
 width: 100%;
 justify-content: left;
 flex-wrap: wrap;
}

.column {
 width: 47%;
 display: flex;
 flex-direction: column;
}
</style>
```

更新 store 文件夹下的 index.js，增加下述代码：

```
state: {
  searchResult: [],
  ...
 },
 getters: {
 },
 mutations: {
  setSearchResult(state, result) {
   state.searchResult = result
  },
  ...
 },
```

无论是 WaterFall 组件还是 WaterFallItem 组件，都是通过从父组件获取数据来渲染的，并没有直接从 Vuex 中读取数据，因此 Vuex 中数据的修改和获取都被放置在搜索页面（SearchView.vue）中。在 Views 文件夹下新建一个 SearchView.vue 文件，代码如下：

```
<template>
 <div class = "tour">
  <SearchBar @search = "search" />
```

```
    <WaterFall :itemList = "searchResult"></WaterFall>
    <NavTab></NavTab>
  </div>
</template>

<script>
// @ is an alias to /src
import SearchBar from '@/components/SearchBar.vue'
import WaterFall from '@/components/WaterFall.vue'
import NavTab from '@/components/NavTab.vue'
import { useStore } from 'vuex'
import { getCurrentInstance, computed } from 'vue'
export default {
  name: 'SearchView',
  components: {
    SearchBar,
    WaterFall,
    NavTab
  },
  setup() {
    const store = useStore();
    const ctx = getCurrentInstance();
    let search = () => {
      let list = []
      for (let i = 1; i <= 10; i++) {
        list.push({
          url: `https://img.xjh.me/random_img.php?
ctype = nature&return = 302&random = ${Math.random()}`,
          title: '中华郡国际旅游度假区',
          sub: '亲子游乐天堂',
          price: '￥40'
        })
      }
      store.commit('setSearchResult', list)
    }

    return {
      searchResult: computed(() => store.state.searchResult),
      search
    }
  }
}
</script>
<style scoped>
.tour {
  height: 100vh;
  overflow-y: scroll;
  background: white;
}
</style>
```

可以看到 SearchView 组件从 SearchBar 组件中获取事件，并在事件处理函数中触发了对 Vuex 中 state 的修改。将修改后的 searchResult 数据绑定在 WaterFall 组件上进行展示，最终的效果如图 11.18 所示，当在搜索框中输入内容并单击"搜索"按钮时，将获得相应的搜索结果，这里的搜索结果仅使用本地 js 模拟，读者可以自行开发一个服务接口，从中获取搜索数据。

图 11.18　搜索结果页面效果

11.7　产品详情页功能开发

从产品详情页的结构上可以看出，该页面相对来说比较复杂，需要使用多个组件来构建。除了顶部的产品介绍图可以复用首页的广告轮播组件外，还需要开发三个全新的组件，分别是产品详情组件、用户评价组件和添加购物车组件。此外还需要添加一个独立的返回按钮，可以使用 Element Plus 提供的组件来实现。

11.7.1　产品详情组件

创建一个 ProductDetail.vue 文件,代码如下:

```
<template>
 <div class = "productDetail">
  <div class = "title">{{ title }}</div>
  <div class = "price">
   <div class = "flexbox">
    <span class = "cont">
     <span class = "yen">￥</span>
     <span class = "num">{{ price }}</span>
     <span class = "per">起/人</span>
    </span>
    <span class = "cont child - price">
     <span class = "desc">儿童价</span>
     <span class = "yen">￥</span>
     <span class = "num">{{ childrenPrice }}</span>
     <span class = "per">起/人</span>
    </span>
   </div>
   <div class = "selled - count">
    {{ sellCount }}人已出行
   </div>
  </div>
  <div class = "sup - label">
   <span v - for = "(item, index) in tags" key = "index" class = "sup - label - item">
    <el - icon>
     <Check />
    </el - icon>{{ item }}
   </span>
  </div>
  <div v - html = "content" class = "content"></div>
 </div>
</template>
```

在组件的脚本部分给所有需要展示的变量进行赋值,并借用了去哪儿网提供的一些产品资源,代码如下:

```
<script>
import { Check } from '@element - plus/icons - vue'
export default {
 name: 'SearchBar',
 setup() {
  let title = '北京出发 - 私家团 三亚 4 日私家小团♥升级 1 晚亚特兰蒂斯酒店 + 2 晚无边泳池哈
曼酒店,一单一车一团,无限次畅玩水世界 + 水族馆,必玩蜈支洲岛'
  let tags = ['亚特兰蒂斯酒店', '网红无边际泳池', '亚特水世界', '独立用车', '睡到自然醒',
'2 - 8 人精品...']
  let sellCount = 225
  let price = 2490
  let childrenPrice = 450
```

```
let content = `<div class = "m - richtext reset - padding reset - pseudo - border">
 <div>温馨提示：由于疫情原因,哈曼酒店 4 月暂停营业,目前暂定于 5 月 1 日重新营业,涉及 4 月
团期期间安排哈曼酒店的同级备选酒店,敬请谅解,谢谢!
 <br>24 小时客服热线：4008 - 197 - 688<br>4 天 3 晚套餐包含：(如需要机票可在出发地选择
相对应的出发城市即为含往返机票的费用)
 <br>1)、一单一车一团,不与他人拼车,私密舒适
 <br>2)、2 晚无边泳池哈曼酒店 + 升级 1 晚亚特兰蒂斯酒店(无限次畅玩水世界 + 水族馆)
 <br>3)、24 小时机场专车接送机,随时到随时接送
 <br>4)、专车出行必玩醉美海岛：蜈支洲岛
 <br>5)、赠送精美旅拍,30 分钟拍摄含 5 张电子照片
 <br>6)、赠送酒店首晚蜜月布置
 <br>注：赠送项目需提前跟客服预约,如未预约视为放弃,谢谢!
 <br></div>
 <img width = "100 %" src = "https://imgs.qunarzz.com/vs_ceph_vs_tts/4f01d24e - 208f - 437f -
ad52 - 21723b3c14cd.jpg_r_750x500x90_83d6f494.jpg">
 <img width = "100 %" src = "https://imgs.qunarzz.com/vs_ceph_b2c_001/15163bd6 - fa28 - 454e -
8f02 - 0ced155a4544.jpg">
 <img width = "100 %" src = "https://imgs.qunarzz.com/vs_ceph_b2c_001/e999fc0e - dbf2 - 4b0c -
9cae - 90a8e76ea248.jpg">
 <img width = "100 %" src = "https://imgs.qunarzz.com/vs_ceph_b2c_001/802386e0 - 7893 - 4d5f -
ac6c - 3554ba0b7a7b.jpg">
 <img width = "100 %" src = "https://imgs.qunarzz.com/vs_ceph_b2c_001/24c6f41a - dd73 - 48e6 -
8a1d - 5884954fc1b9.jpg">
 <img width = "100 %" src = "https://imgs.qunarzz.com/vs_ceph_b2c_001/fac245fc - 4ddc - 4f3b -
b0dd - 216976de2743.jpg">
 <img width = "100 %" src = "https://imgs.qunarzz.com/vs_ceph_b2c_001/6ce91574 - 4b84 - 4fba -
b185 - db80aa19eb36.jpg">
 <img width = "100 %" src = "https://imgs.qunarzz.com/vs_ceph_b2c_001/5cdaa28f - b2cc - 47d5 -
b22b - 30be6114ff57.jpg">
 <img width = "100 %" src = "https://imgs.qunarzz.com/vs_ceph_b2c_001/d1e249e5 - b112 - 4d89 -
864d - 4a631420bc3f.jpg">
 </div>`
 return {
   title,
   content,
   Check,
   tags,
   sellCount,
   price,
   childrenPrice
 }
 }
}
</script>
```

这样一个旅游产品详情展示的组件就开发完毕了,读者可以自行补充整个组件的样式,
或者参考本书配套源代码。

11.7.2　用户评价组件

用户评价组件用来显示用户对旅游产品的评价,由于篇幅原因,这里只介绍开发用户评

价总体展示组件的过程,读者可以自行设计和开发具体的用户详细评论展示页面。创建一个 UserComment.vue 文件,代码如下(省略了样式部分的代码):

```
< template >
 < div class = "comment">
  < div class = "overview">
   用户评价({{ totle }})
  </div>
  < div class = "rate">
   < div class = "score">
    < div class = "score - hd">
     < span class = "num">{{ score }}</span>
     < span class = "cent">分</span>
    </div>
    < div class = "txt">{{ satisfaction }}满意</div>
   </div>
   < div class = "rating - tag">
    < span class = "item">套餐评价({{ 190 }})</span>
    < span class = "item">有图点评({{ 45 }})</span>
    < span class = "item">印象不错({{ 69 }})</span>
    < span class = "item">导游服务好({{ 45 }})</span>
   </div>
   < el - icon style = "align - self: center;">
    < ArrowRight />
   </el - icon>
  </div>
  < div class = "rating - bd">
   < div class = "user">
    < div class = "img"
     style = "background - image: url('https://img1.qunarzz.com/ucenter/headshot/1806/91/
ac986a71660b39ba.png_r_150x150_d16ca618.png');">
    </div>
    < div class = "user - detail">
     < div class = "name">{{ name }}</div>
     < div class = "date">
      {{ travelTime }}出行,{{ createTime }}发表
     </div>
    </div>
   </div>
   < div class = "text">
    {{ comment }}
   </div>
  </div>
 </div>
</template>
< script >
import { ArrowRight } from '@element - plus/icons - vue'
export default {
 name: 'UserComment',
 setup() {
  const comment = `未见到蜜月布置,后续反馈意见 结果就是仅仅说给酒店备注,
```

也没有解决办法,无旅拍(赠送的旅拍在下单前丝毫没有提醒说需要预约,
如果选择这家需要旅拍 切记预约)私家团导游兼司机也是会迟到的,
司机到得早也会催的,平台解决问题态度差,并且极其不专业`;

```
const travelTime = "2021 - 12 - 17";
const createTime = "2021 - 12 - 27";
const name = "k **** 3";
const score = "10";
const totle = "190";
const satisfaction = "99 % ";

return {
  ArrowRight,
  travelTime,
  createTime,
  comment,
  name,
  score,
  totle,
  satisfaction
  }
 }
}
</script>
```

创建 DetailView.vue 文件,综合所有组件,代码如下:

```
< template >
 < div class = "detail">
  < el - button type = "primary" :icon = "Back" circle style = "position: fixed; top: 5px; left:
5px; z - index: 2;"
    @click = "pushBack" />
  < AdvertisementView ></AdvertisementView >
  < ProductDetail ></ProductDetail >
  < UserComment ></UserComment >
  < AddToCart ></AddToCart >
 </div >
</template >


< script >
import AdvertisementView from '@/components/AdvertisementView.vue'
import ProductDetail from '@/components/ProductDetail.vue'
import UserComment from '@/components/UserComment.vue'
import AddToCart from '@/components/AddToCart.vue'
import { Back } from '@element - plus/icons - vue'
import { useRouter } from 'vue - router'
export default {
 name: 'DeatailView',
 components: {
  AdvertisementView,
  ProductDetail,
  UserComment,
  AddToCart
```

```
  },
  setup() {
   const router = useRouter()
   const pushBack = () => {
    router.back()
   }
   return {
    Back,
    pushBack
   }
  }
}
</script>
<style scoped>
.detail {
 background-color: #f5f5f5;
}
</style>
```

最终的产品详情页如图 11.19 所示。

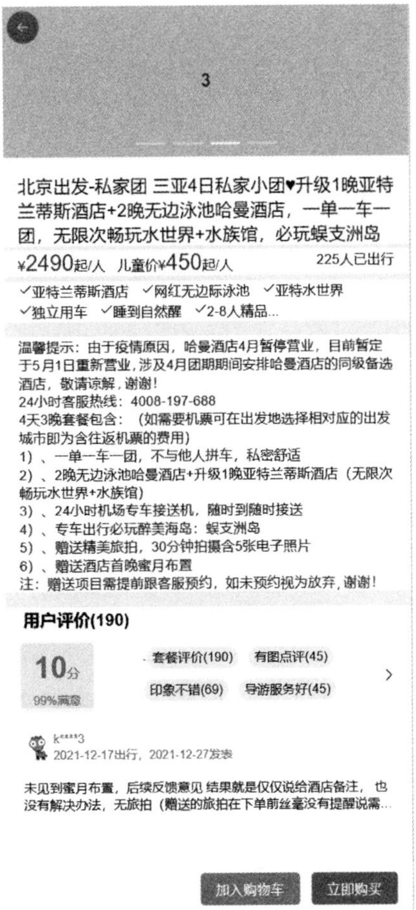

图 11.19　产品详情页

对于加入购物车和购买功能,需要和服务器端配合实现,读者可以自行尝试开发相关的功能,该功能也是大部分购物类网页都需要实现的基础功能。

11.8 购物车页面开发

购物车页面比较简单,可以不进行组件拆分,而是直接实现购物车页面 CartView.vue,代码如下:

```
<template>
 <div class = "cart">
  <div v-for = "(item, index) in data.shopList" :key = "index" class = "item_warp">
   <div class = "flex_row">
    <div style = "margin-right: 20px">
     <el-checkbox v-model = "item.checked" size = "large" @click = "storeCheck( $event,
index)" />
    </div>
    <span style = "margin: 0 5px">全选</span>
   </div>
   <div class = "shop_content" v-for = "(item2, index2) in item.shop" :key = "item2.id">
    <div style = "margin-right: 20px">
     <el-checkbox v-model = "item2.checked" size = "large" @click = "shopCheck( $event,
index, index2)" />
    </div>
    <div class = "content_right">
     <div style = "margin-left:15px">
      <div>{{ item2.shopName }}</div>
      <el-input-number v-model = "item2.num" :min = "1" :max = "10" size = "small" />
     </div>
    </div>
   </div>
  </div>
  <div class = "pay">
   <el-button type = "danger">立即购买</el-button>
  </div>
  <NavTab></NavTab>
 </div>
</template>

<script setup>
import NavTab from '@/components/NavTab.vue'
import { reactive } from "vue";
const data = reactive({
 shopList: [
  {
   checked: false,
   shop: [
    {
     id: 1,
     shopName: "延安旅游",                    //商品名称
```

```
        brand: "宝华农业科技",
        specif: "50ml",
        price: "89.20",              //单价
        num: 1,                      //数量
        checked: false,
      },
      {
        id: 2,
        shopName: "太原旅游",
        brand: "宝华农业科技",
        specif: "50ml",
        price: "66.20",
        num: 1,
        checked: false,
      },
    ],
  }
],
});

</script>
<style>
.cart {
 padding: 15px;
 text-align: left;
 background-color: #f5f5f5;
 height: 100vh;
}

.flex_row {
 display: flex;
 align-items: center;
}

.shop_content {
 background-color: white;
 border: 1px solid #f5f5f5;
 margin: 5px 0;
 border-radius: 5px;
 display: flex;
 align-items: center;
 padding: 24px 12px;
}

.pay {
 position: fixed;
 display: flex;
 bottom: 56px;
 right: 15px;
 padding: 0 15px;
 justify-content: right;
```

```
    }
    </style>
```

11.9　个人中心页面的实现

个人中心页面展示了用户的个人信息及功能菜单，创建一个 UserView.vue 文件，同时复用菜单组件，代码如下所示。

```
<template>
 <div class = "user">
  <el - card class = "box - card" style = "margin:20px 15px">
   <div class = "info">
    <div class = "img"
      style = "background - image: url('https://img1.qunarzz.com/ucenter/headshot/1806/91/ac986a71660b39ba.png_r_150x150_d16ca618.png');">
    </div>
    <div class = "user - detail">
     <div class = "name">{{ name }}</div>
    </div>
   </div>
  </el - card>
  <MenuList :list = "menulist" :type = "'big'"></MenuList>
  <NavTab></NavTab>
 </div>
</template>
<script>
import MenuList from '@/components/MenuList.vue'
import NavTab from '@/components/NavTab.vue'
export default {
 name: 'UserView',
 components: {
  MenuList,
  NavTab
 },
 setup() {
  return {
   name: '用户 1',
   menulist: [
    {
     name: '订单',
     url: '/free',
     src: require('../assets/biaoqian.png')
    },
    {
     name: '设置',
     url: '/free',
     src: require('../assets/biji.png')
    },
    {
```

```
        name: '客服',
        url: '/free',
        src: require('../assets/dianzan.png')
      },
      {
        name: '个人信息',
        url: '/free',
        src: require('../assets/huiyuan.png')
      }
    ]
  }
}
</script>
<style scoped>
.info {
  display: flex;
  align-items: center;
}

.img {
  width: 60px;
  height: 60px;
  background-size: contain;
  border-radius: 50%;
  background-color: #eee;
}

.user-detail {
  font-size: 18px;
  color: rgb(158, 158, 158);
  margin-left: 12px;
}
</style>
```

复用已经存在的组件,可以显著减少开发的工作量。

11.10　路由配置

为实现页面之间的跳转,需要对项目的路由进行配置,打开 route 文件夹下的 index.js 文件,修改其中的代码:

```
import { createRouter, createWebHistory } from 'vue-router'
import HomeView from '../views/HomeView.vue'

const routes = [
  {
    path: '/',
    name: 'home',
    component: HomeView
```

```
    },
    {
      path: '/about',
      name: 'about',
      //路由级别的代码拆分
      // 这会为路由创建一个独立的 js 模块
      // 当路径被访问时,会懒加载此 js 模块
      component: () => import(/* webpackChunkName: "about" */ '../views/AboutView.vue')
    },
    {
      path: '/tour',
      name: 'tour',
      component: () => import('../views/TourView.vue')
    },
    {
      path: '/cart',
      name: 'cart',
      component: () => import('../views/CartView.vue')
    },
    {
      path: '/user',
      name: 'user',
      component: () => import('../views/UserView.vue')
    },
    {
      path: '/detail',
      name: 'detail',
      component: () => import('../views/DetailView.vue')
    },
    {
      path: '/searchPage',
      name: 'search',
      component: () => import('../views/SearchView.vue')
    }
  ]

const router = createRouter({
  history: createWebHistory(process.env.BASE_URL),
  routes
})

export default router
```

11.11　项目调试

　　在项目开发过程中,难免会遇到一些错误(bug),即使是有经验的开发人员也无法仅通过通读代码的方式来解决所有问题。对程序进行调试,设置断点跟踪代码的执行,找到问题所在并解决它是最基本的需求。本节将介绍如何在 Visual Studio Code 环境中和浏览器中进行调试。

1. Visual Studio Code 环境中调试

在 Visual Studio Code 的插件中搜索 JavaScript Debugger 插件并安装,然后在 Visual Studio Code 开发环境左侧的活动栏中单击"运行和调试"图标,如图 11.20 所示。

彩图

图 11.20 运行和调试

单击"创建 launch.json 文件",会出现如图 11.21 所示的调试菜单选项。

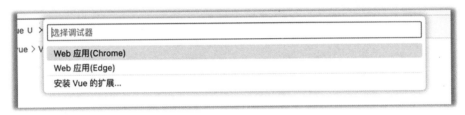

图 11.21 调试菜单选项

从下拉菜单中选择"Web 应用(Edge)"菜单项,生成 launch.json 文件。在打开的 launch.json 文件中,修改配置如下:

```
{
 // 使用 IntelliSense 了解相关属性
 // 悬停以查看现有属性的描述
 // 欲了解更多信息,访问 https://go.microsoft.com/fwlink/?linkid=830387
 "version": "0.2.0",
 "configurations": [
  {
   "name": "Launch Edge",
   "request": "launch",
   "type": "msedge",
   "url": "http://localhost:8080",
   "webRoot": "${workspaceFolder}",
   "breakOnLoad": true,
   "sourceMapPathOverrides": {
    "webpack:///./src/*": "${webRoot}/*"
   }
  }
 ]
}
```

修改 webpack 的配置以构建 source map,让调试器能够将压缩后的代码映射回原始文件中的位置,从而确保在 webpack 对应用程序进行优化后,仍然能够进行调试。编辑项目根目录下的 vue.config.js 文件,并添加下面的代码:

```
module.exports = {
  configureWebpack : {
    devtool:'source-map'
  },
  ...
}
```

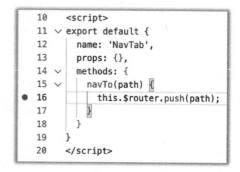

图 11.22　增加断点

配置好调试环境之后,就可以开始调试程序了。例如,可以打开 NavTab 组件,并在文件的第 16 行添加一个断点,如图 11.22 所示。

在终端窗口中,单击左侧活动栏上的"运行"图标,即可开始调试,最终的调试效果如图 11.23 所示。

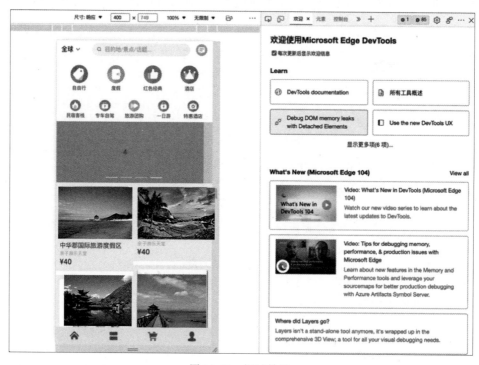

图 11.23　调试效果

打开浏览器访问项目后,执行相关的 JavaScript 代码逻辑即可跳转到 Visual Studio Code 中设置的断点处。使用调试工具栏单步执行,跟踪代码的执行情况,以查看数据是否正确。

2. 浏览器中调试

在浏览器中调试 Vue 3 程序是利用 1.6 节中介绍的 vue-devtools 工具完成的。确保该扩展程序已经安装并启用,在浏览器窗口中按 F12 键调出开发者工具窗口,选择 Vue 3 选项。在该视图中可以查看组件的嵌套关系、Vuex 中的状态变化、触发的事件及路由的切换过程等,效果如图 11.24 所示。

图 11.24　vue-devtools 调试效果

11.12　本章小结

本章实现了一个红色旅游 App 的 H5 的基本框架,并完成了其中大部分的功能。这个实例已经尽可能多地融入了前面章节的知识,以及一些实际项目开发中的技巧,但不可能涵盖所有 Vue 3 的知识点,也不可能体现出所有项目可能遇到的各种问题的解决方案,需要读者在以后的开发中逐步去掌握。

第 12 章

Vue 3 项目部署

项目开发完成并经过测试无问题后,需要准备构建发布版本并部署到生产环境。

12.1　构建发布版本

在准备发布版本之前,需要注意删除或注释掉项目代码中用于调试的 alert 语句和 console. log 语句,以提高用户体验。在开发过程中最好统一使用 console. log 语句,这样即使忘记删除,调试信息也不会出现在页面上。

如果项目中有大量使用 console. log 语句或 alert 语句的地方,手动删除比较麻烦,可以在构建发布版本时使用 terser-webpack-plugin 插件进行优化,该插件会在构建发布版本时调用,可以在 terserOptions. js 配置文件中设置删除 console. log 语句和 alert 语句。

在项目目录下执行以下命令来构建发布版本:

```
npm run build
```

生成发布版本后,会在项目根目录下创建一个 dist 文件夹,其中包含了项目的发布版本和一些子文件夹。dist/js 子文件夹中除了一些 JS 文件(由于采用了异步加载路由组件,可能会生成多个 JS 文件),还有一些 map 文件。在代码压缩后,如果出现错误,则无法准确定位错误出现在哪段代码中。这时,map 文件可以像未压缩的代码一样,准确地输出错误所在的行列信息。

在生产环境下,这些 map 文件并不起作用,因为终端用户无法调试代码或查找错误。如果想在打包时删除这些 map 文件,可以编辑 vue. config. js 文件,并添加以下代码:

```
productionSourceMap: process. env. NODEENV === 'production' ? false : true
```

再次构建发布版本,会发现 js 目录下的 map 文件没有了。

12.2　部署

在构建好发布版本后,下一步是将项目部署到一个 Web 服务器上。根据项目应用的场景,可能会选择不同的服务器,在这里以 nginx 为例,介绍如何部署及部署时的注意事项。

nginx 是一个高性能的 HTTP 和反向代理 Web 服务器,同时提供了 IMAP/POP3/SMTP 服务。从 http://nginx. org/en/download. html 下载 nginx,下载后是一个压缩包,解压缩后,执行目录下的 nginx. exe 启动服务器。nginx 默认监听 80 端口,打开浏览器,在地址栏中输入 http://localhost/,若出现如图 12.1 所示的页面,即代表 nginx 服务器运行正常。需要注意的是,部署时需根据实际情况配置 nginx,如设置监听端口、域名、SSL 证书等,确保服务器的安全性和可靠性。

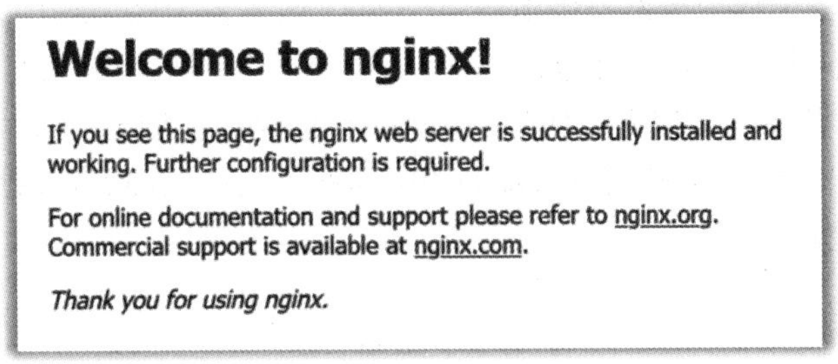

Welcome to nginx!

If you see this page, the nginx web server is successfully installed and working. Further configuration is required.

For online documentation and support please refer to nginx.org. Commercial support is available at nginx.com.

Thank you for using nginx.

图 12.1 nginx 服务器首页

该页面是 nginx 目录下的 html 文件夹下的 index.html,直接将项目的构建版本复制到 html 目录下就可以完成部署,但是复制的内容不包括 disk 文件夹本身。复制完毕后打开浏览器,访问 http://localhost/会发现无法请求到数据,这是因为还没有为 nginx 配置反向代理,因此请求不到服务器端的数据,之前在开发环境下的配置只适用于脚手架项目内置的 Node.js 服务器。在 nginx 目录中找到 conf 目录下的 nginx.conf 文件,该文件是 nginx 的默认配置文件。编辑该文件,输入下面的内容:

```
# 配置跨域代理
location /api {
    rewrite ^/api/(.*)$ /$1 break;
    proxy_pass http://127.0.0.1:8000;
    proxy_redirect off;
    proxy_set_header X-Real-IP $remote_addr;
    proxy_set_header Host $host;
    proxy_set_header X-Forwarded-For $proxy_add_x_forwarded_for;
    # proxy_read_timeout 300;
    # proxy_send_timeout 300;
}
```

经过执行 nginx-reload 命令重启服务器后,再次访问 http://localhost/就可以正常接收数据了,但刷新页面时会出现 404 错误,这是因为使用了 history 模式引起的。在 7.4 节中已经介绍过,history 模式会引发这个问题,要解决 404 错误,需要在服务器上进行一些配置,使 URL 匹配不到任何资源时返回 index.html。由于不同的 Web 服务器配置方式不同,Vue Router 官网提供了一些常用的服务器配置,其中包括 nginx,需要编辑 conf/nginx.conf 文件,并添加以下内容:

```
location / {
  root html;
  index index.html index.htm;
  try_files $uri $uri              //index.html;
}
```

再次执行 nginx-reload 重启服务器,访问 http://localhost/,此时一切正常。

12.3　本章小结

本章详细介绍了如何构建发布版本，并以 nginx 服务器为例，介绍了如何将打包后的项目部署到 Web 服务器上。由于打包后的前端项目都是一些静态文件，因此部署到任何 Web 服务器上都非常简单。如果是前端和后端分离的项目，则需要配置反向代理。此外，还需要解决路由使用 history 模式所引发的 404 问题。这两点都需要根据选择的 Web 服务器来进行相应的配置。